本研究成果得到国家留学基金资助

AN EVALUATION STUDY ON CHINA'S SCIENCE, TECHNOLOGY AND INNOVATION POLICY:

Policy's Value Orientation, Evaluation Framework and Indexes

中国科技创新政策评估研究：

政策的价值取向、评估框架和指标

王再进 ／著

中国财经出版传媒集团
经济科学出版社
Economic Science Press

序

近十年是中国科技创新发展的黄金时期，从创新型国家建设目标的提出到大力实施创新驱动发展战略，创新已成为新时代的主旋律和亮丽标签，国内科技创新环境显著改善，创新发展呈现出跃升态势。根据世界知识产权组织等机构联合发布的《2018全球创新指数（GII）》排行榜，中国的国际排名由2008~2009年度的第37名，跃升至第17名，大幅提升了20位。中国创新体系的构建和完善，离不开科技创新政策的有效支撑。当前，随着中国政府职能转变和科技管理改革的深化，科技创新政策在宏观引导、激励约束、资源配置和统筹协调等方面发挥着越来越重要的作用。从全球看，创新政策视角更加宽广，价值导向越发凸显，不仅强调促进科技发展和经济增长，更加重视综合性的经济、社会、生态环境可持续发展目标和应对全球共同面临的重大挑战。与此同时，公共政策评估的演进和科技政策学的兴起带动了科技创新政策评估研究的新发展。近年来，欧美发达国家和经济合作与发展组织（OECD）、欧盟、世界银行等相关国际组织，越来越关注科技创新政策评估，不断研究开发政策测度工具、评估的平台与方法，以提升科技决策的科学化、民主化水平。在此背景下，加强中国科技创新政策评估研究，系统深入探讨相关理论、方法与实践，很有意义，也十分有必要。

《中国科技创新政策评估研究：政策的价值取向、评估框架和指标》一书对此进行了积极和有益的探索。本书是中国科技部国家科技评估中心副研究员王再进博士基于多年的科技评估研究、思考和政策评估实践积累，在国家公派英国牛津大学技术与管理发展研究中心（TMCD）访学期间进一步深入研究总结，最终形成的学术专著。这一学术专著，跟踪研究了当前国外政策评估的发展趋势，针对已有相关研究中存在的重技术分析、轻价值衡量、政策环节关联研究不足等主要问题，对科技创新及其政策评估的三层价值进行了剖析，凝练提出中国科技创新政策具有政治功能、科技进步、经济效益、社会发展和生态进化等“五维”价值取向，并在对政策价值与事实，政策设计、执行和效果三环节进行深入关联分析的基础上，提出了一套融合中国科技创新政策价值理念、政策工具、实施过程和绩效的多维度综合评估框架和指标体系。本书的特色或创新之处主要表现在：一是从政策机理上分析了科技创新政策评估中价值评估的重要性，并形成了较为系统的政策价值评估观点。二是以公共政策评估理论、创新理论和科技价值理论为主要理论依据，论证分析了价值评估与事实评估，及其与科技创新政策全过程链条评估的系统关联，并在此基础上研究构建了一套契合中国科技创新政策内容及特点的综合评估框架和指标体系，将政策的价值与事实、三环节过程和基本国情较好地统一了起来。三是针对当前重大政策评估需求及实际应用特点，就复合型的《国家中长期科技发展规划纲要（2006～2020年)》的配套政策和单一性的企业研发费用加计扣除政策分别开发了一套评估框架及指标体系，并进行了适用性分析。既有理论发展和贡献，又与实践相结合，对政策评估重大实践具有实实在在的广泛应用前景。

本书是中国关于科技创新政策评估的第一本较为系统、专业的研究著作。在科技创新政策评估的价值导向和适用于中国国情的政策评估框架的发展方面具有宝贵的创新性和开拓性。全书主题突出、内容丰富、特色鲜明，既有体系化的评估理论阐释、方法建构，也有实证研究和典型案例分析相配套支撑，可为科技创新政策评估领域提供一个新的研究视角、系统化的评估分析框架和方法工具，对下一步科技创新政策评估实践也有较大的参考价值。

［英］（XiaoLan Fu）

牛津大学技术与管理发展研究中心创始主任、终身教授

联合国“可持续发展技术促进机制十人顾问小组”首届成员

联合国“低收入国家技术银行”理事会理事

2018年12月于牛津大学

前言

精英理论认为，政策是精英们价值偏好的反映。评估则是公共政策过程的一个重要环节，也是衡量和反映政策优劣与政策实施效果的一面“镜子”。公共政策评估的兴起和发展是政策走向科学化、民主化的典型表现。

近十年，与欧美政策发展趋势接轨，在科学、技术与创新领域，中国实现了从“科技政策”到“科技创新政策”的范式转换，政策目标更加综合，政策范围更加宽广，政策手段更加多元，政策优惠更加普适。与此同时，政策的体系化特征明显，统筹协调功能加强，政策组合效用提升，新的政策工具不断引入，政策的作用机制与方式也发生了显著变化。当前，在创新驱动发展战略实施背景下，科技创新已成为中国公共治理、高层决策的核心议题之一。伴随着政府职能加快转变和科技管理改革深化，评估作为政府宏观决策管理的支撑工具变得更加重要，并越发成为科技创新政策制定和实施的不可或缺环节。

尽管近年来中国科技创新政策评估发展较快，但总体来看，评估的理论方法建构仍滞后于快速发展的实践需求，评估的核心方法和工具不完善，评估范式缺失，影响了科技创新政策评估的专业化、科学化进程以及评估的质量与效果，不能适应和满足创新驱动发展新形势下对科技评估的需求及创新政策治理的现代化要求。研究发现，已有相关研究成果对科技创新政策的价值及其评估鲜有涉足，在评估框架和指标方面存在重技术分析而缺少价值判断、聚焦政策效果而偏失政策过程、可操作性和实用性欠缺等缺陷和不足。带着对上述问题的思考，本书以此为主要切入点，进行了较为系统、深入的分析和研究，并提出了解决问题的思路、方案和路径，希冀起到抛砖引玉的作用。也期待通过该学术专著的出版，引起业界更多人士和各有关方面对科技创新政策评估发展的关注与重视。

本书共分为八章。第一章是绪论，介绍了研究的背景和意义，对科技创新政策评估的国内外研究现状进行了综述分析，提出了研究的目标、思路、方法与技术路线。第二章针对已有研究存在的问题，以公共政策评估理论、创新理论和科技价值理论为主要理论基础，系统化提出了中国科技创新政策综合评估的理念，涉及价值尺度和事实尺度的有机联结、对政策全过程环节关联的系统评估、结合政策国情的综合评估三个层面。第三章对科技创新及其政策评估的三层价值及关联进行了探讨，凝练提出了中国科技创新政策的“五维”价值取向，剖析了事实评估与价值评估失调的表现及后果，提出了中国科技创新政策价值与事实综合评估的路径。第四章探讨了科技创新政策系统与评估环节的关联，剖析了各评估环节关联不足的问题表现及后果，在此基础上提出了中国科技创新政策全过程综合评估的环节关联路径，包括建立政策“设计—执行—效果”动态监测评估链、嵌入政策全过程的三层“五维”价值评估，以及评估指标体系的系统关联设计。第五章在第二章综合理论分析和第三、第四章专题研究的基础上，结合政策国情和评估实践，研究构建了中国科技创新政策综合评估的基本框架，系统融合了事实与价值评估、政策三环节评估和中国适应性关联要素。第六章研究设计了一套与中国科技创新政策综合评估框架相匹配、相衔接的评估指标体系，将综合评估框架、相关评估标准转化为可实操、可测度的评估工具和方法。第七章结合单一性和复合型政策典型案例，对中国科技创新政策综合评估框架及指标体系进行了实证检验与适用性分析。第八章概括总结了本书的主要结论，对研究的局限性和面临挑战作了说明，并对进一步研究提出了展望。

本书试图在科技创新政策评估的工具理性（科学化）和价值理性（民主化）上寻找合理的平衡点与结合点，探索开发出涵盖中国科技创新政策综合性目标与准则的评估模式，以弥补现有研究中的缺陷和空白点；也希望能够在科技创新政策评估的理论分析框架和方法建构上有一定贡献，促进中国科技创新政策的评估研究朝着后实证的现代化路径发展。本书提出的中国科技创新政策综合评估框架（模型）和指标体系的显著特点是，体现了中国科技创新政策的“五维”价值特征；强调了价值与事实评估相结合的评估理念；突出了政策全过程链条动态分析的评估视角；在立足科技创新政策国情与政策实际的同时，合理吸收了国际评估界的有益评估思想及绩效评估、循证评估等理念；既适用单一性政策，也适用复合型政策。期待通过后续的评估实践检验和不断修正完善，更好地发挥该研究成果的参考和应用价值。

政策科学博大精深，科技创新政策评估涉及多学科交叉知识，覆盖面宽，理论性和实践性都很强，由于个人学识、驾驭能力有限，书中难免存在疏漏或不足之处，敬请各位前辈、同行和读者不吝指正。

王再进

Preface

Elite theory holds that public policy reflects the interests and preferences of political elites. In public policy processes, evaluation is a rather important tool, which can act like a "mirror" to reflect whether a policy is good or bad, as well as measure the effectiveness of policy implementation. The rise of policy evaluation is a typical manifestation of the inflexion of public policy towards scientificalization and democratization.

Over the past decade, China has transformed its policy paradigm from "science and technology policy" to "science and technology innovation policy" (STIP), paralleling the development trend of the EU and the US innovation policies. The STIP is characterized by more policy comprehensiveness, broader scope, better diversified policy instruments, and wider applicability of preferential policies. Compared to traditional science and technology policy, the STIP is better systematized, and its overall policy coordination function and the employment of policy mix have been strengthened. With introduction of new policy tools of STIP, the mechanism and mode of policy intervention are significantly changed. Under the umbrella of "innovation-driven development strategy" in China, science and technology innovation has become a major focus for Chinese government in public governance and decision-making. Along with the transformation of government function and the deepening reform of science and technology management, evaluation as a supporting tool of governmental decision-making and macro-management, has become an increasingly important and indispensable part in the formulation and implementation of STIP.

In China, STIP evaluation is developing rapidly in recent years, while theoretical and methodological construction of the evaluation lags far behind practical needs. It is found that the imperfection of methods and tools and the lack of paradigm have greatly hindered specialization, scientificalization, quality and effectiveness of STIP evaluation. These deficiencies make STIP evaluation a failure to meet the needs of science and technology evaluation and the requirements of innovation policy governance. According to existing literature, there are few studies on the value and its evaluation of STIP, and there are three major deficiencies in designation of framework and indexes for STIP evaluation in China. Firstly, current evaluation methods overemphasize the technical analysis rather than value orientation judgment. Secondly, policy effect evaluation is valued but policy design evaluation is neglected. Thirdly, existing evaluation framework and indexes are subject to inoperability and impracticability. The objective of this monograph is to provide a systematic analysis of aforementioned issues based on a novel framework, and offer in-depth insights on STIP evaluation research and practices.

The monograph is organized into eight chapters. Chapter 1 introduces the research background, motivation, research objectives and methodology, and systematically reviews existing literature in STIP evaluation. Based on public policy evaluation theory, innovation theory and science and technology value theory, Chapter 2 proposes a new concept of STIP evaluation with three connotations: 1) the organic link of value scale and fact scale; 2) the systematic evaluation of all main links of the whole policy process; 3) and the appropriate evaluation considering China's national conditions and policy characteristics. Chapter 3 conceptualizes the value of science and technology innovation, STIP and STIP evaluation, and their correlation. Given this conceptualization, the chapter puts forward the five-dimensional value orientation of China's STIP, including "Political Function", "Science and Technology Advance", "Economic Benefit", "Social Development", and "Ecological Evolution". This chapter also analyzes the manifestations and consequences of the imbalance between fact evaluation and value evaluation, and proposes the comprehensive evaluation path combining value and fact evaluation of China's STIP. Chapter 4 explores the relationship between STIP system and the evaluation links, and analyses the manifestations and consequences of the insufficient correlation among main evaluation links. This chapter presents the link-related path of the comprehensive evaluation for the whole process of China's STIP, which includes : 1) establishing the dynamic monitoring and evaluation chain of policy "design-implementation-effect"; 2) embedding the policy value analysis and evaluation in the whole policy process; 3) and systematic correlation design of evaluation index system. Chapter 5 puts forward the comprehensive evaluation framework of China's STIP, which systematically integrates fact evaluation and value evaluation, the three main policy links evaluation and Chinese characteristic and adaptability by incorporating new concept raised in chapter 2, thematic research in chapters 3 –4, and the investigation of national conditions of policies and evaluation practices. Under the evaluation framework of China's STIP in the study, Chapter 6 establishes a set of evaluation index system to transform the theoretical framework into practical evaluation method. Chapter 7 analyzes typical cases of single-type policy and composite-type policy empirically and validates the framework and index system in this study. Chapter 8 concludes by outlining the main findings, contributions, limitations and challenges of the research, and also proposes avenues for future research.

This monograph attempts to find a reasonable balance between instrumental rationality (scientificalization) and value rationality (democratization) when evaluating STIP. It develops a novel framework and a practical methodology for China's STIP evaluation covering the comprehensive objectives and criteria of STIP, which improve upon the deficiencies of existing methods. The research also contributes to the post-empirical development of China's STIP evaluation. The major features of evaluation framework and index system proposed here are as follows: 1) highlighting the five-dimensional value characteristics of China's STIP; 2) emphasizing the evaluation concept of combining value evaluation with fact evaluation; 3) advocating the dynamic perspective to evaluate the process of policy chain; 4) applying globally advanced experiences of STIP evaluation contextualized with China's national situation; 5) the framework and index system is applicable not only for a single-type policy, but also for a composite-type policy.

It is expected that through the further broad evaluation practice, testing and continuous improvement, the reference and application value of this evaluation framework and index system will be better brought into play.

Policy science is extensive and profound. The evaluation of STIP involves the integration of interdisciplinary or multidisciplinary knowledge. It also covers a broad range of subjects and has strong theoretical and practical nature. Due to the limitation of personal knowledge and the time, there is still room for improvement in this monograph. Any comments or suggestions are welcome.

Zaijin Wang

目录

第一章

绪　论

一、研究背景和意义

（一）研究背景

1. 当前中国正处于科技改革和发展的新阶段，科技创新政策及其评估在科技管理、创新资源分配中的重要性更加凸显

近年来，党中央、国务院对公共政策，尤其是重大政策的评估十分重视。原中央全面深化改革领导小组①要求，对已出台的重大改革方案（政策文件）要排队督察，及时跟踪和评估。2014 年 6 月，国务院部署对《2014 年政府工作报告》中的重点工作和 2013 年下半年以来的重要政策落实情况开展全面督查评估，问诊政策落实难问题，力求打通政策落实“最先一公里”和“最后一公里”，破除“中梗阻”。② 2015 年 5 月，国务院启动部署新一轮的重大政策措施落实情况督查评估工作。2016 年 8 月、2017 年 5 月和 2018 年 7 月，国务院组织开展了第 3 次、第 4 次和第 5 次政策大督查。在宏观需求牵引和强力推动下，经济、社会、科技等重要领域相关

---

① 中央全面深化改革领导小组成立于 2013 年 12 月，由习近平总书记担任组长。该领导小组负责改革的总体设计、统筹协调、整体推进、督促落实，统一部署全国性重大改革。2018 年 3 月，中共中央印发了《深化党和国家机构改革方案》，将中央全面深化改革领导小组更名为中央全面深化改革委员会。

② 国务院关于对稳增长促改革调结构惠民生政策措施落实情况开展全面督查的通知［EB/OL］. http：//www. gov. cn/zhengce/content/2014 -06/07/content_8868. htm,2014 -6 -7.

政策的评估活动正如火如荼展开，政策评估及其研究在我国迎来了新的重要发展契机。

科技创新政策评估属于政策评估的子领域，是科技决策和管理过程中的一个重要环节。在当前中国大力实施创新驱动发展战略和建设创新型国家的背景下，以及科技体制改革不断深化的新形势下，政府科技管理的职能发生了转变，抓科技发展政策规划、监管评估成为当前科技部门的核心工作，作为科学决策重要支撑工具、科技资源重要分配途径的科技创新政策评估的影响力正逐渐增强，重要性日益突出。2015 年，中共中央、国务院颁布实施的《关于深化体制机制改革加快实施创新驱动发展战略的若干意见》和中办、国办联合印发的《深化科技体制改革实施方案》明确提出，要建立创新政策评价制度。2016 年 5 月出台的《国家创新驱动发展战略纲要》提出，要建立健全科学分类的创新评价制度体系，建立定期监测评估和滚动调整机制。[①] 2016 年 8 月，国务院印发的《“十三五”国家科技创新规划》强调，要加强对科技创新政策实施的监测评估。同年 12 月，科技部、财政部、国家发展改革委联合印发《科技评估工作规定（试行）》，将科技政策作为科技评估的重要内容之一，提出明确要求。至此，科技创新政策评估的政策制度逐步建立。

2. 面向 2020 年建成创新型国家战略目标，政府科技决策和管理工作对科技创新政策评估有日益迫切的现实需求

2005 年底，国务院出台了《国家中长期科学和技术发展规划纲要（2006—2020 年）》（以下简称《科技规划纲要》），以加强自主创新为主线，对我国未来 15 年科学技术发展做出全面规划和部署，提出了建设创新型国家的战略目标。2006 年初，国务院发布了《实施〈国家中长期科学和技术发展规划纲要（2006—2020 年）〉的若干配套政策》（以下简称《配套政策》），从科技投入、税收激励、金融支持、政府采购、引进消化吸收再创新、创造和保护知识产权、科技人才队伍建设、教育与科普、科技创

① 中共中央、国务院印发《国家创新驱动发展战略纲要》［EB/OL］. http：//news.xinhuanet.com/politics/2016－05/19/c_1118898033.htm,2016－5－19.

新基地与平台和统筹协调10个方面提出了60条政策，大力营造促进创新的政策环境，着力推动企业成为技术创新的主体。之后，国务院有关部门相继出台了70余项实施细则，支撑形成了中国科技发展新时期多层次、较为系统的科技创新政策体系。

已出台的《配套政策》及实施细则与《科技规划纲要》内容和目标的相关性如何，各部门、各地方推动政策落实的进展和效果如何，企业、高校、科研院所等各类政策目标群体对优惠政策的知晓和申请兑现情况如何，政策的总体实施成效如何、预期目标是否实现，政策目标群体和社会公众等对政策实施效果的满意度评价如何，政策本身及执行环节中还存在哪些问题，国内外政策环境对政策执行有何影响，如何应对面临的问题和新形势带来的挑战等，成为已摆在相关管理部门面前亟待破解的一项重要课题。2009年，国家科技部组织开展了对《配套政策》及实施细则落实情况的评估试点，此后还对重点科技创新政策进行了持续的年度跟踪调研和监测评价。2010年，全国人大法制工作委员会组织开展了《科学技术进步法》有关制度立法后评估，对税收激励、知识产权两个方面政策制度进行了重点评估。[①] 2013年，国家科技部组织开展了《科技规划纲要》实施情况中期评估，其中对《配套政策》也进行了专题评估。“十三五”末期，也就是2020年《科技规划纲要》截止日期，基于向中央交账，回应科技界、各类创新主体和社会公众关切的需要，有必要对《科技规划纲要》及《配套政策》进行全面、系统的总结和评估。同时，近年来，国家在一些特定区域，如国家自主创新示范区、自主创新综合试验区、全面创新改革试验区等各类创新改革示范（试验）区域试点的科技创新政策，在向更大范围推广实施前，也需要进行评估。

在国家引导和支持下，结合地方科技决策和政策管理工作要求，各地政府部门对国家和本地区科技创新政策在当地的落实情况与效果，也有着越来越强的现实评估需求。近年来很多地方相继开展了本地区科技创新政策（特别是对重点政策）评估实践，上海、北京、江苏、天津等不少省市工作已逐渐步入正轨，其他一些地方也正积极探索和推进。

① 国家科技评估中心.《科技进步法》有关制度立法后评估报告［R］. 2011.

3. 评估理论建构滞后于实践需求，影响了科技创新政策评估的专业化、规范化进程和评估效用

研究发现，尽管近年来我国开展了不少科技创新政策评估活动，取得了积极成效，也积累了不少好的经验和做法，但总体来看，还缺乏科学、系统、规范的评估理论和方法指导，尚未形成业界公认、可普遍适用的评估框架和指标体系。理论方法建构滞后于实践需求、评估范式的缺乏，制约了政策评估的专业化、规范化和科学化发展，也影响了评估对科技决策和管理支撑的效果。

（二）研究意义

在上述研究背景下，进一步开展科技创新政策评估研究，深入探讨相关理论方法，特别是建构和完善评估框架及相应的评估指标体系，具有较强的理论和现实意义：一是有利于丰富与完善政策评估的基本理论方法，促进形成契合某一领域政策特点的评估方法论体系；二是有利于在一定程度上弥补科技创新政策评估的理论方法“短板”问题和“范式”缺失的问题；三是有利于精准对接不断发展的科技创新政策评估实践需求，为评估实践提供一定的参考，为宏观科技决策和管理提供科学、专业的评估方法支撑。

二、文献综述

科技创新政策评估从本质上看，属公共政策评估，系科技创新政策管理中的一个不可或缺的环节。自政策科学诞生以来，公共政策评估理论主要经历了两个较为重要的发展演变阶段，包括实证主义和后实证主义的政策评估。[①] 公共政策评估的理论、方法为科技创新政策评估提供了基本指导和遵循，同时科技创新政策评估的研究和实践也呈现了自己的特点，形

① 方易．弗兰克·费希尔．公共政策评估［J］．公共管理评论，2013（2）：156－163.

成了一些相应的成果。

（一）国外相关研究情况

经济合作与发展组织（OECD）最早进行科技创新政策评估，[①] 其于1963年出版的《弗拉斯卡蒂手册》（《研究与试验发展调查实施标准》）为有关国家开展创新政策研究，从研发活动测量和国别比较的视角提供了一定的方法和准则。20世纪60年代末和70年代，美国与欧洲国家相继开展了科技创新的评估研究。20世纪70年代中期后，政策评估已初步确立了其在社会科学中的独立地位，但与其他政策领域相比，科技创新政策评估实践仍处于早期阶段。在此期间，一些国家和国际组织积极开展了科技创新政策评估研究及实践探索。近年来，随着创新政策受到世界各国政府的日益重视，OECD和世界银行联合开发了创新政策网络平台（innovation policy platform，IPP），并在平台上搭建了面向OECD各成员方和有关国家（地区）的创新政策数据库与交流社区，方便跨国界、跨地区创新政策知识交流、信息共享与沟通协作，以支撑不同国家的创新决策制定，以及创新政策的设计、执行和评估实践发展。[②] 根据全球、区域和国家的宏观环境及评估实践的变化发展，2017年联合国评价小组（United Nations Evaluation Group，UNEG）发布了新修订的《评价标准和规范》，[③] 以保证在引导和进一步加强各国评估实践方面继续保持相关性。

在政策评估研究中，评估框架是评估活动的重要指针，评估指标是评估的核心方法和工具之一，故成为国外科技创新政策评估研究人员关注的重点。

---

① 政策的概念比较“弹性”，无论内涵和外延，国内外理解并非完全一致，政策国情不一也会造成理解存在差异。从现有文献资料看，国外学者更多从“政策工具”的角度来理解，也往往将科技计划、项目及其他相关干预措施作为科技创新政策的一部分纳入其理解的政策评估范畴。

② The Innovation Policy Platform [EB/OL]. https://www.innovationpolicyplatform.org/, 2018-10-14.

③ United Nations Evaluation Group. Norms and Standards for Evaluation [R]. New York: UNEG, 2016.

1. 科技创新政策评估框架研究

关于政策评估框架，有的学者也称之为政策评估的理论模式或概念模式，可为政策评估提供一种理论导向的分析基础和评估的逻辑模型，以减少评估主体对评估方法使用的主观性和随意性，提高评估方法与结论的科学性和规范性。

在国外政策评估研究中，已形成了一些较为常见和典型的评估框架，如弗兰克·费希尔（Frank Fischer，2003）基于政策辩论逻辑的政策评估逻辑框架；古贝和林肯（Egon G. Guba & Yvonna S. Lincoln，2008）的回应性建构主义政策评估框架；托马斯·戴伊（Thomas R. Dye，2011）的政策效果评估框架；韦唐（Evert Vedung，1997）的政策评估模式系统分类框架；史密斯（T. B. Smith，1973）的政策过程评估框架等（见表1－1），①它们评估的关注点和视角虽有所不同，但涉及公共政策评估的各主要环节和要素，可为科技创新政策评估提供基本的框架指导。

表1－1　国外典型的公共政策评估框架

序号	名称	提出者	简要评论
1	弗兰克·费希尔政策评估逻辑框架	［美］弗兰克·费希尔（2003）	通过对社会科学和公共政策评估的深刻反思，从“项目验证”“情景确认”“社会论证”“社会选择”四个方面提出了一个基于政策辩论逻辑之上、将事实和价值结合起来的政策评估逻辑框架。该批判性复合主义政策评估方法论，不仅对政策分析领域具有重要影响，而且还对政治决策实践有重要意义
2	回应性建构主义政策评估框架	［美］古贝和林肯（2008）	针对前三代评估理论中存在的“浓厚的管理主义倾向”“忽视价值多元性”“过分强调科学实证主义的方法”等不足，提出了评估本质上是一种建构过程。其强调的“回应”，注重“协商”“共同建构”等主要观点，有助于我们进一步认识和探索政策评估的理论与实践

① 王再进，徐治立．国外科技创新政策评估研究现状、特点及启示［J］．北京航空航天大学学报（社会科学版），2017（2）：114－120.

续表

序号	名称	提出者	简要评论
3	托马斯·戴伊政策效果评估框架	［美］托马斯·戴伊（2011）	认为政策评估就是要了解公共政策的效果，提出了对公共政策效果进行系统评估的“理性途径”（计算所有目前和将来的政策目标群体、非目标群体成本与收益之间的差异）和方法，对政策效果评估工作有一定的理论指导作用
4	韦唐政策评估模式	［瑞］韦唐（1997）	以古贝和林肯提出的以“组织者”作为焦点对政策评估模式进行分类的观点为基础，从社会科学更广阔的视角出发，赋予了“组织者”更抽象的含义，进一步研究提出了关于政策评估模式的系统分类框架。这是业界公认的较为经典的政策评估模式框架，得到政策研究学者的广泛引用
5	史密斯模式	［美］史密斯（1973）	基于“理想化政策”（ideal policy）、“执行机构”（implementation agency）、“目标群体”（target group）、“政策环境”（environmental factors）四个要素及其互动关系构建了政策过程模式，在西方各类政策过程模式中影响最大，为较多的专家学者所接受，在我国公共政策过程分析评价和实证研究中也得到了更多的关注

资料来源：笔者汇总梳理相关文献资料形成。

随着社会和公众对政府干预活动或措施（包括政策、计划、项目等）绩效的日益关注，在国际评估界的评估研究和实践中还形成了一套以目标为导向、面向结果的监测评估逻辑框架，该框架以投入（inputs）、活动（activities）、产出（outputs）、成效（outcomes）、影响（impacts）5 个方面为重点，①② 以相关性、效率、效果和可持续性为评估准则，体现了评估活动的主要目的、聚焦的内容，以及政策/计划/项目各阶段之间、监测与评估之间的逻辑关系。图 1－1 显示了该评估框架的基本要素及其关系，表 1－2 显示了相关评估准则的内涵及特点。多年来，以目标为导向、面向结果的监测评估模型作为基础性评估框架和工具之一，在世界银行、联合国、OECD 等国际组织，以及美欧一些发达国家的创新政策评估实践，得到了一定程度的应用。

① UNDP. Handbook on Planning，Monitoring and Evaluation for Development Results［M］. United Nations Development Programme，2002：7.

② UNDP. Handbook on Planning，Monitoring and Evaluation for Development Results［M］. United Nations Development Programme，2009：55.

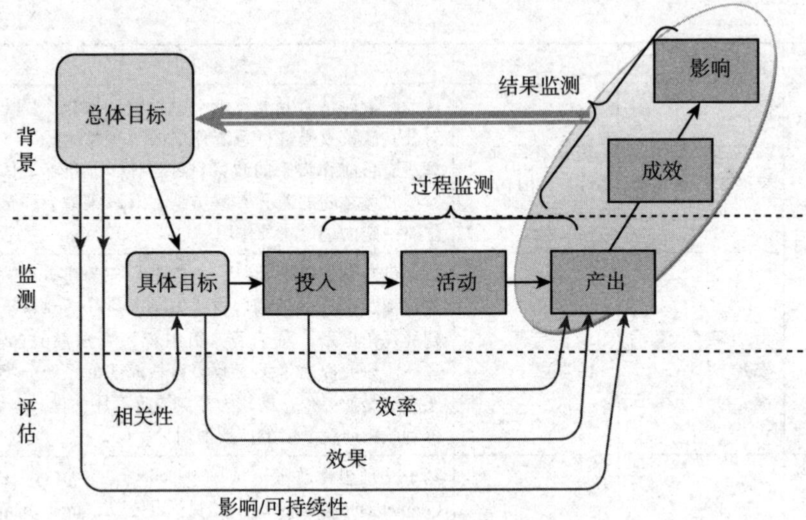

图 1－1　以目标为导向的监测评估框架

资料来源：田德录，方衍.《科学素质纲要》实施的监测评估理论框架研究［J］. 科普研究，2008（6）：21.

表 1－2　　以目标为导向监测评估框架的评估准则及特点

评估重点和逻辑链条	评估准则及含义	主要特点
投入 ↓ 活动 ↓ 产出 ↓ 成效 ↓ 影响	1. 相关性：指政府干预活动/措施的具体目标和设计方案与计划总体目标、受益者需要、国家需求、优先发重点，以及各方利益主体的相关政策的相符程度	1. 基于政府干预活动/措施的目标，进行投入、活动过程监测和结果监测，着重考察产出、成效和影响 2. 将效率也纳入评估关注的重点内容，对投入和产出情况进行比对，综合分析和评价
	2. 效果：指政府干预活动/措施具体目标的实现程度（或预期的实现程度）。即干预活动/措施在多大程度上高效地、持续地实现了或预期将实现其主要的相关具体目标	
	3. 效率：指资源或投入（资金、专业人员、时间等）转化成为产出和结果的经济性测度。通常需要比较不同实施方案的投入产出情况，以选择最有效率的行动	
	4. 影响：一般指长期目标的实现情况，它是政府干预活动/措施所带来的长期结果/效果，包括直接或间接的、预期或未预料到的、正面或负面的、主要的或次要的。影响评估解决的问题是采取的干预活动/措施对总体目标实现是否有用	
	5. 可持续性：主要指政府干预活动/措施完成后，其带来的收益/结果/机制是否具备可延续性，这既包括发展环境的可持续，也包括经费资助的可持续等	

资料来源：根据国内外相关文献资料整理、制作形成。

此外，有一些专家学者，结合科技创新政策的类型与具体内容，研究设计尽可能体现所评估政策特点的评估框架。如费尔塔斯（Freitas，2008）和腾泽尔曼（Tunzelmann，2008）从政策的知识目标、政策工具、政策执行维度，提出了三维的创新政策评估分析框架，运用主成分分析法对20世纪80年代早期至2002年法国和英国的近150项创新政策规划进行了分析;① 亨利·凯普伦（Henri Capron，1997）通过对政府R&D资助政策对企业技术创新的影响研究，提出了经济效果矩阵评估框架;② 安塔基亚（Akcakaya，2001）研究建立了创新政策研发有效性的评估模型，采取了定量和定性评估相结合的评估方法③；创新政策绩效研究比较有名的学者，如金姆（Kim，1997），本·斯泰尔（Benn Steil，2002），大卫·维克多（David G. Victor，2002），理查德·内尔森（Richard R. Nelson，2002），纳谢德·福布斯（Naushad Forbes，2002），戴维·韦尔德（David Wield，2002）等，也都对科技创新政策的技术和经济绩效进行过研究。④⑤⑥ 但目前整体看，国外关于科技创新政策的评估框架研究还比较零散，经典的、能够广为应用的框架鲜见。

在科技创新政策评估方法上，目前多数国家主要采取定性与定量相结合的方式，注重以定性分析为基础，以定量分析为手段。表1－3汇总和梳理了较为常见的评估方法，并进行了比较分析。

---

① 范柏乃，段忠贤，江蕾．创新政策研究述评与展望［J］．软科学，2012（11）：43－47.

② Henri Capron and Bruno Van Pottelsberghe De La Potterie. Public Support to R&D Programmes：An Integrated Assessment Scheme［EB/OL］. http：//www.oecd.org/sti/inno/1907902.pdf.

③ Akcakaya，R. Procedure for the Assessment of R&D Performance for a Manufacturing Company［R］. Marmara University，Institute for Graduate Studies in Pure and Applied Sciences，2001.

④ Kim，L. Imitation to Innovation［M］. MA：Harvard Business School Press，1997.

⑤ Steil，B，Victor，D. G. and Nelson，R. R. Technological innovation and economic performance［M］. Princeton，NJ：Princeton University Press，2002.

⑥ Naushad Forbes and David Wield. From technology and innovation：Managing technology and innovation［M］. Routledge，2002.

表 1－3　　科技创新政策评估的主要方法及比较

类别	分析方法	子方法/分析工具	适用对象/范围
定性分析	理论分析方法	应用经济学和社会学理论和经验，运用逻辑推理和判断	从政策制定到实施的全过程
定性分析	对比分析方法	1. 政策执行前后的比较： （1）简单前后对比； （2）“投射—实施”后对比； （3）有无对比； （4）“控制对象—实施对象”对比； 2. 与政策制定目标比较 3. 国内外政策比较	1. 同一地区政策执行前及执行一段时间后； 2. 政策实施后各项指标与政策制定目标对比； 3. 本国和他国政策
定性分析	个案研究分析方法	主要运用技术经济学、政策分析学	受政策影响的典型案例；单项或多项政策
定性分析	专家评议法	1. 专家会议法； 2. Delphi 法（征询专家法）	评定某政策工作的价值或重要性的机制等
定性分析	自我评定法	主要应用相应的经济学和社会学理论和经验，运用逻辑推理和判断	政策制定和执行人员自行评估政策影响等
定性分析	目标获取模型	需对政策是否在目标领域内取得了预期效果，以及所观察到的结果是否为该政策作用的产物做出判断	将政策目标作为评估时所持的唯一标准
定性分析	SWOT 分析法	也称“潜力分析法”，国际上 OECD 普遍应用	适用于国家或企业在制定战略规划时
定性分析	扎根分析	开放性访谈、文献分析、参与式观察等	带研究问题从实际观察入手
定量分析	问卷调查法	围绕某特定政策，实证分析有效问卷	特定政策
定量分析	经济计量分析法	以经济理论和事实为依据，利用数理统计方法建立方程式，常用数学模型	描述政策目标与相关变量间经济行为结构动态变化关系，在医学、健康政策领域常见
定量分析	成本—效益分析法	对政策运行成本（人财物等投入）与政策效益（受益）加以对比分析	适用政策执行过程简单且涉及面较小情况
定量分析	模糊数学分析法	运用模糊集合理论，通过专家打分等方法得出指标权重	对政策影响因素、综合实施效果进行评估
定量分析	政策指标法	把政策目标分解为评估指标，量化与权重打分	如对政策实施情况和效果进行评估
定量分析	回归分析法	属相关性的后验分析，要把所测量的离散数据作成趋势图，便于预测和评价	如“目标—执行—效果”相关性分析
定量分析	数据包络分析法	以帕累托最优化这一经济学概念为基础，对具有同质投入产出的决策单元进行经济效率定量化评价	如评估政策效果对科技进步、经济增长和社会发展等方面影响
混合分析	多目标综合评估法	将政策的前期准备、落实、取得成果都纳入评估的范围，对各阶段都要进行“描述”和“判断”	对政策效应进行多目标的定性分析和定量评估

资料来源：王再进，徐治立．国外科技创新政策评估研究现状、特点及启示［J］．北京航空航天大学学报（社会科学版），2017（2）：114－120.

2. 科技创新政策的评估指标研究

在建立了政策评估整体框架后，还需要结合一定的标准和规则，转化成具体、可衡量的操作性指标，如此才能有效应用于评估实践。目前，虽然国外关于科技创新政策评估方法多元化趋势逐步显现，但在评估实践中广泛而易于使用的评估方法仍然是指标法。在科技创新政策评估指标开发过程中，被世界银行和许多国家政府部门和国际组织认为应普遍遵循的原则是“SMART”原则，即具体的（specific）、可衡量的（measurable）、可实现的（achievable）、相关的（relevant）和有时限的（time－bound）。

当前，欧美发达国家和相关国际组织（如 OECD）在科技创新数据统计及相关工作体系方面已较为健全和完善，且数据的公开性、透明性、共享度较高，很多数据通过机构官网、出版物等公开渠道即可方便获取（如 OECD 和世界银行联合搭建的“创新政策网络平台”及其政策数据库、公开出版物、政策简报与各类电子报告资料等），这为科技创新政策评估指标的研究设计提供了很好的基础条件。在具体指标方面，科学文献数量、专利统计数据、R&D 人力与经费投入、企业新产品销售收入占总销售收入比例等分别用于反映科学研究、技术演进和科技创新在经济中的扩散等绩效。其中，科技创新效率（即科技创新的资源投入和产出之比）是当前国际上开展科技创新评价一个重要关注内容。此外，还有研究试图建立评估指标，以测量工艺创新、组织创新和服务创新的扩散过程和效果。由于该评估对象的复杂性，决定了对其开展定性研究的重要性和必要性，在科技创新政策评估中案例分析等定性研究方法必不可少。在纳尔逊看来，在科技创新政策评估分析中，机构和制度等方面的因素很难离开定性分析方法，需要综合采用定量、定性的信息和方法。①

从具体评估实践来看，由于开展评估活动的主体不局限于单个国家层面，也包括了一些重要的国际组织（如欧盟、OECD、世界经济论坛），以及国际知名的相关研究机构（如哈佛商学院、瑞士国际管理发

---

① 吕燕．科技创新政策评估研究综述［J］．科学进步与决策，2012（19）：156－160.

展学院），各自的评估对象和关注点有所不同，故科技创新政策评估的内容、指标也呈现出了一定的层次差异和多元性。对于一些单项具体政策的评估，如法国研发支出税收抵免政策评估，指标较为具体和全面，涵盖了对该政策的综合评价，不仅关注政策实施效果（如政策受益度、政策影响指标），还涉及政策设计（如政策合理性指标）和执行环节；对于涉及面较宽的综合性政策的评估，如日本、爱沙尼亚的研发政策/战略评估，也包含了对政策的设计（如政策目标和措施是否合适）、执行和效果的综合评估；对于涉及国别比较的评估（国际组织的常见做法），如欧盟的欧洲创新趋势图、OECD 的国家创新政策评价、瑞士国际管理发展学院的 IMD 全球竞争力评价等，指标通常较为宽泛，涵盖更加广义的科技创新能力、体系、活动、环境等内容，科技创新政策仅是其关注的一个方面（见表 1 -4、表 1 -5）。

表 1 -4　部分典型国家科技创新政策评估的内容、指标与特点（案例）

国家	评估项目	评估对象	评估的主要内容、指标与特点	相关报告
美国	全球创新政策指数（国别比较）	OECD 的所有成员方、欧盟的所有成员方、APEC 中的 19 个成员方以及中国、阿根廷、巴西、印度和南非等发展中国家，共 55 个国家	• 评估的目的是帮助各国政府重新审视和优化本国的创新政策，提升全球整体创新能力。 • 基于全球创新生态系统，首次提出一套多层次、结构化的创新政策评价体系，并对全球 55 个国家的创新政策（能力）情况进行了分类评价。 • 评价指标体系包括 7 个一级指标（核心政策领域）、22 个二级指标（细分领域）和 84 个三级指标（子指标）。 • 中国创新政策综合评价为中低级，总体排名相对滞后。其中的 7 个核心政策领域单项评价中，中国只有科学与研发 1 个领域评价处于中高级，国内竞争、知识产权、数字化政策和高技术移民四个领域处于中低级，而贸易和政府采购两个领域则处于低级，说明我们的创新政策体系结构也存在许多不平衡、不协调的问题	《2012 年全球创新政策指数报告》，美国智库信息技术与创新基金会、美国考夫曼基金会联合发布

续表

国家	评估项目	评估对象	评估的主要内容、指标与特点	相关报告
日本	日本经济产业省（METI）研究开发政策评估（复合型政策评估）	研究开发制度、项目（课题）、机构、有关措施等	• 1997年8月，日本科学技术会议（日本最高科技咨询机关）审议通过《国家研究开发评价实施办法大纲指针》。 • 2001年日本颁布《政府政策评估法案》（Government Policy Evaluation Act，GPEA）。GPEA规定，内阁办公室、各部委在内的行政主体必须开展政策评估，并以对公众负责为目的；各主要行政主体要制定一份针对本部门的政策评估基本计划（3~5年时限）及执行计划（年度政策评估计划）。 • METI研究开发政策评估内容涉及措施评估、研究开发制度评估（逐一就各项技术制度的目的、意义、设计、成果、效率等进行评估）、研究开发以外相关技术业务评估、项目评估、有关利用竞争性资金实施的研究课题的评估、不同领域的评估、追踪评估、机构评估等	《研究开发政策的评估》报告，日本经济产业省
爱沙尼亚	研发与创新战略/政策评估（复合型政策评估）	爱沙尼亚研发和创新政策的设计和实施情况	• 2002~2006年，爱沙尼亚确立了建立以知识为基础的爱沙尼亚（KBE）战略目标。两份重要的战略性文件组成了爱沙尼亚2002~2006年研发与创新战略的主干：一是以知识为基础的爱沙尼亚：爱沙尼亚2002~2006研究和发展战略；二是国家发展计划（NDP）研发与创新规定（2004~2006年）。 • 爱沙尼亚经济事务与交通部于2005年组织对本国研发和创新政策的设计和实施情况进行综合评估。 • 评估工作的总体目标是，依据爱沙尼亚所面临的最紧迫挑战及欧盟国家近期的发展战略导向，评估爱沙尼亚研发与创新政策战略的目标及措施是否合适，为即将制定的“2007—2013单一计划文件”（SPD）以及“2007—2013国家研发创新战略”（RD&I）提供重要参考。此外，根据推进创新的需要以及爱沙尼亚经济的吸收能力，评估爱沙尼亚研发与创新政策必要的预算分配，在资金存在缺口的情况下，确定优先发展的领域也是评估的目的之一。 • 比利时SPRL技术咨询公司受委托具体承担研究和评估工作并提交评估报告	《爱沙尼亚研发与创新政策评估报告》，比利时SPRL技术咨询公司

续表

国家	评估项目	评估对象	评估的主要内容、指标与特点	相关报告
法国	研发支出税收抵免（简称“CIR”）政策评估（单一性政策）	法国 CIR 政策影响等	• 为了评价 CIR 政策（制定于 1983 年，延续至 2004 年；此后该政策进行了改革）的影响，法国研究部于 2005 年决定对该政策进行评估，法国科技有限公司承担了这项任务，2006 年 5 月发布了评估报告。 • 评估分两阶段进行：（1）网上调查：向 2624 家公司发放问卷，收到 529 份有效问卷；（2）对 60 多个单位进行了访问，包括政策受益者和非受益者。 • 评价的主要指标：动机与隐私性、对政策的认知情况、政策受益度、需要完善的地方/政策合理性、政策影响评价	《法国 CIR 政策影响研究》，法国科技有限公司
意大利	企业技术创新（政策）统计调查	意大利企业技术创新和政府技术创新政策等	• 截至 2000 年，意大利进行了 4 次企业技术创新统计调查。 • 这项统计调查工作由意大利国家统计局和全国科技文献所（ISRDS）共同承担，前者主要负责企业技术创新问卷调查表的发放、收集、数据汇总和数据库的建立，后者负责数据分析和评估，最终由两家单位向政府科技、计划、财政和工业等主管部门提供评估报告。 • 意大利国家统计局发放的“关于企业技术创新的统计调查问卷表”，除了参考《奥斯陆指南》和“欧盟企业技术创新问卷调查表”外，还根据意大利技术创新政策及产业结构特点，特别增加了企业对政府技术创新政策的评价和环境问题对技术创新的影响等调查内容，为科学地评估意大利国家创新政策打下了良好基础。 • 根据评估结果，意大利政府及时调整了国家创新政策，出台了一系列新的技术创新政策，加大了对中小企业技术创新的扶持力度	企业技术创新（政策）有关评估报告

续表

国家	评估项目	评估对象	评估的主要内容、指标与特点	相关报告
英国	创新政策绩效评估	英国创新政策所取得的成就	• 2003 年，英国财政部发布了《绿皮书：中央政府的评估》（2018 年出台了修订版），针对英国各中央政府部门及其执行机构，提出了对政策、计划及项目开展评估的要求，并提供了如何执行的标准范式。同年，英国财政部还发布了《紫皮书 - 评价指导手册》（2011 年出台了修订版），作为《绿皮书：中央政府的评估》的配套操作手册，为英国中央和地方政府部门，以及相关政策制定、分析和评估人员提供具体的评估规范和方法指导。 • 竞争力调查与评价是英国政策制定部门研究确定其产业政策的重要方法和依据。 • 报告提出的创新政策的绩效指标包括成果、投资、创新、技能、企业、竞争环境，每个大指标都包含了若干子指标。 • 报告指出，在过去的一个经济周期内，英国政府通过创新政策的实施提升了国家竞争力，并缩短了与一些主要工业国家在劳动生产率方面的差距	《生产力与竞争力指标》报告，英国财政部和贸工部（2005）

资料来源：笔者汇总梳理相关报告和资料形成。

表 1-5　部分典型国际组织（机构）科技创新政策评估的内容、指标与特点（案例）

评估组织方	评估项目	评估对象	评估的主要内容、指标与特点	有关报告
OECD	国家创新政策评价（National Innovation Policy Reviews）	OECD 成员国及部分观察员国和地区（共 34 个成员方；中国为观察员国）	• OECD 科技政策委员会（Council of Science and Technology Policy，CSTP）于 2005 年始启动实施。 • 对被评价国家和地区的科技创新情况与创新政策进行比较研究，注重国情分析。 • 截至 2015 年，已完成卢森堡、瑞士、新西兰、南非、智利、挪威、中国、匈牙利、韩国、希腊、墨西哥、俄罗斯、秘鲁、斯洛文尼亚、瑞典等 15 个国家的评估工作	OECD 创新政策研究（评估）系列报告，如《OECD Reviews of Innovation Policy：CHINA-Synthesis Report》（2007）
	OECD 科学技术和工业记分牌	OECD 成员国和新兴经济体（如中国、印度、巴西、俄罗斯等）	• 重在用具体数字分析全球范围（主要是 OECD 成员国和新兴经济体）的创新活动与成效，其中也包括对各国创新政策的简要分析。 • 2007 年度报告分析了各国促进创新的政策变化趋势，包括直接投资政策、税收优惠政策、促进知识转移政策以及创新国际化趋势等	年度报告

续表

评估组织方	评估项目	评估对象	评估的主要内容、指标与特点	有关报告
欧盟（EU）	欧洲创新趋势图	欧盟各国等	• 欧盟于2000年初推出的一项分析欧洲创新政策与环境的工具，是欧盟成员国之间进行创新杠杆比较的一个体现，也是欧盟层次创新政策交流与协调的一个载体（平台），主要评价方法包括SWOT等。 • 2007年发布的年度报告包括对欧盟各国，以及美国、日本、巴西、加拿大、印度、中国等41个国家创新政策的评价	每年发布欧盟国家和美国、日本等国家的创新政策与环境深度分析报告
	欧洲创新记分牌（european innovation scoreboard, EIS）	欧盟各国等	• 欧盟委员会企业总司资助，利用创新指标体系对成员国的创新执行情况进行定量分析。 • 从2001年开始至今，每年发布年度报告。2006年增加了全球创新记分牌（GIS）部分，2007年首次将参与比较的国家增至37个。 • 对欧盟各国创新政策的制定和评价产生了深远影响	年度报告
	欧盟框架计划评估	框架计划本身及其所属领域、项目等	• “欧盟框架计划”致力于在欧盟层面推动整个欧盟的科研，是欧盟研发与创新政策的重要代表，框架计划评估是欧盟制定下一个框架计划的基础。 • 包括评估项目计划书、评估具体项目、评估框架计划之内的某个领域和项目、评估框架计划整体性。后两者属于创新政策评估范畴	欧盟框架计划评估报告
世界经济论坛	全球竞争力评价	评估样本国家和地区的创新能力	• 将创新政策指数作为国家创新能力的考察指标之一。 • 创新政策指数包括知识产权保护、数学和自然科学教育的质量、国家环境对人才的吸引力、政府对研发的课税和补贴、高新技术产品的政府购买、要求制定管理标准的压力、反垄断政策的有效性、推动长期竞争力的环境规制8个三级指标。 • 评估样本为73个国家或地区的1万多名企业管理者，数据来源为调查问卷，研究方法采用回归分析法。 • 从企业角度对技术创新政策的实施效果进行评估，政府角度的缺失使评估具有一定的偏向性	《全球竞争力报告》及特别主题报告，如《区位对于全国创新的影响：基于国家创新能力指数的调查发现》(2002—2003)

续表

评估组织方	评估项目	评估对象	评估的主要内容、指标与特点	有关报告
瑞士国际管理发展学院	IMD 全球竞争力评价	评估样本国家和地区的竞争力	• 评价指标体系包括 1 个一级指标、4 个二级指标、20 个三级指标、314 个四级指标。 • 调查样本为 49 个国家和地区的竞争力情况，数据来源为各国家和地区的官方数据和对 4000 多位企业行政总裁的调查问卷及国际组织统计出版物等。 • 没有对技术创新政策进行单独评估，而是将技术创新政策实施效果与其他评估对象的影响因素一起分散于三级、四级指标中（如三级指标中的“财政政策”；四级指标中“政策方向的一致性”“政策不稳定性风险”等）	《IMD 全球竞争力年鉴》（又称“洛桑报告”），每年一期
哈佛商学院	国家创新能力指数	全世界 75 个国家和地区（含中国）	• 将国家创新能力作为一级指标，科学家与工程人员、创新政策、集群创新环境、关联为二级指标。 • 在“创新政策”这一指标中，设计了三个三级指标，每个指标都涉及专利与知识产权保护、人力资源库等问题，这些指标包括：（1）知识产权保护的有效性；（2）一个国家留住其科学家与工程师的能力；（3）为私营部门的研发税收抵免的规模和有效度	年度报告

资料来源：笔者汇总梳理相关报告和资料形成。

（二）国内相关研究情况

在中国，政策科学作为一门独立学科，是在 20 世纪 80 年代后才出现的，此后，政策科学在国内的理论研究和实践应用方面逐步开展。从 20 世纪 90 年代末、21 世纪初开始，学界开始将西方的公共政策评估理论引入中国，该阶段较为典型的国内著作有陈振明的《政策科学：公共政策分析导论》、贠杰、杨诚虎的《公共政策评估：理论与方法》等。科技创新政策评估作为公共政策评估的一个子领域，也是在此之后开始进入国内专家学者的研究视野，并在此后的十多年间得到了进一步发展。目前，国内对科技创新政策评估的研究要集中在评估的理论基础、主要原则、基本框架、标准和指标等方面。结合本核心主题，以下重点介绍和分析相关评估框架与指标研究情况。

1. 科技创新政策的评估框架研究

从已有文献研究分析看，国内学者基于不同研究视角和关注点，提出了若干基于不同维度的科技创新政策评估框架。这些维度概括起来，大致包括政策工具维度、评估主体和客体关系维度、政策目标——效果评估维度、政策投入——产出维度等。例如，赵筱媛（2007）从政策工具（供给、需求和环境）的视角，结合科技活动的特点（基础研究、研究与开发、产业化）和科技政策作用领域（第一、第二、第三产业），提出了公共科技政策（评估）分析的三维框架；刘会武等（2008）对评价主体、评价客体以及相互间关系进行界定分析后，根据评价主体的目的性、评价客体的时间属性以及创新活动，构建了创新政策评价关系测度的三维分析框架；王再进等（2011）以《科技规划纲要》的《配套政策》为主要评估对象，以公共政策评估的基本理论方法和评估的"变革理论（theory of change)"为基础，结合《配套政策》的内容和特点，研究设计了涵盖政策目标、执行和结果等主要维度的评估逻辑框架；赵峰等（2011）基于经济学、社会学和哲学等理论，研究探讨了科技政策评估的经济框架、利益相关者框架等；叶胡等（2012）通过收集分析 2008 ~ 2010 年 28 个省（区、市）的面板数据，研究建立了科技政策投入产出链式结构框架（模型）；杨雅南等（2013）对中国创新驿站特点及相关政策实施过程进行了研究，提出了中国创新驿站政策评价逻辑模型；赵莉晓（2014）总结了创新政策评估的基本特点，在公共政策评估的理论、方法框架基础上研究设计了创新政策的评估分析框架。

2. 科技创新政策的评估指标研究

文献研究发现，国内学者主要从评估指标设计维度（准则）、指标（体系）设计原则和指标权重确定方法三个方面，对科技创新政策评估指标进行研究。

（1）关于指标设计维度（准则）。彭富国（2003）基于经济发展、科技产出和科技投入三个维度的指标，研究设计了评估技术创新政策效果的指标体系，并采用1991～1999年的数据对全国各省技术创新政策的效果进行了评价。段君伟（2007）从投入政策、需求政策和环境政策的政策分类视角，探索建立了技术创新政策的评估指标体系。陈伟等（2009）基于政策环境、企业、政府、政策体系四个维度，对企业自主创新政策系统运行效果的评价指标进行了研究和探讨。邹林全（2010）从科技基础与科技投入、科技产出与科技成果、科技促进经济社会发展三个维度，研究提出了科技创新政策绩效评估指标框架。张晓丰等（2012）从行政、经济和社会三个维度，研究提出科技政策评估指标框架。江永真（2012）以创新供应政策绩效、创新需求政策绩效和创新环境政策绩效为基本维度，研究构建了区域自主创新政策绩效评价指标体系。此外，郭强（2012）、李志军（2013）等从科技创新投入、科技创新需求和科技创新环境三个方面政策指标，研究建立科技创新政策评估指标体系。

（2）关于指标设计的原则。陈伟等（2009）认为，评估指标的选取是否合适直接影响到评估结论，创新政策评估指标选取应当遵循科学性、系统性、可比性和指导性原则。邹林全（2010）认为，科技创新政策绩效评估指标体系设计应遵循全面性、科学性、可比性和可操作性原则，同时指标体系设计要简练，有层次性和针对性，有超前性和指导性，能将总量指标和均量指标有效结合起来。李志军（2013）认为，科技创新政策评估指标体系设计应遵循完备性、科学性、合理性和简明性原则。

（3）关于指标权重的确定方法。研究中，采用较多的是层次分析法和熵值法。如陈伟等（2009）采用层次分析法（AHP）来确定创新政策系统运行效果评价各项指标的权重，并给出了参考权重值；江永真（2012）采用熵值法来确定区域自主创新政策绩效评价体系中各指标的权重。

（三）已有研究评论及有待研究的问题

根据文献研究和评估实践等情况分析，科技创新政策评估的主体结构与基本要素与公共政策评估是相一致的。然而，科技创新政策价值与一般公共政策价值存在一定的区别，有自身的政策导向和关注重点，如科技创新政策的制定、实施是否有利于促进企业、高校、科研院所等创新主体科研和创新能力的提高，是否有利于激发各类创新主体和广大科技人员的创新动力和活力，是否有利于推动科技成果有效转化为现实生产力，是否有利于“大众创业、万众创新”，是否有利于区域和整个国家层面的创新驱动发展和经济转型升级等，这种区别正是科技创新政策评估研究过程中所需要注意的。目前，学界对科技创新政策评估并未形成统一的、能被绝大多数学者、专家普遍认同的定义，大多数是参照公共政策评估的概念。鉴于公共政策实践不断深入以及国内外公共政策评估研究的发展趋势特点，笔者认为应从更为宽泛的视野来理解公共政策评估，并赞同公共政策评估是对政策全过程（而非局限于政策效果）的评估这一观点。为了明晰研究边界，便于后续深入讨论，本书基于全过程、全周期政策评估的视角，将科技创新政策评估界定为，评估主体遵循一定的评估原则、标准和程序，采用科学、可行、可信的评估方法，对科技创新政策的价值、活动和绩效，包括政策的设计、执行和效果等各主要环节进行系统诊断和综合分析的专业化评判活动，目的是获取和形成科技决策的有力证据和咨询意见，作为推动政策落实、调整完善政策和制定出台新政策的参考依据。

研究发现，当前西方发达国家关于科技创新政策评估的研究成果较为丰硕、方法多样。一方面，既有面向一般公共政策的评估框架提供基本指导；另一方面，有关国家、国际组织也结合科技创新政策的内容和特点以及具体的评估实践，在不断探索具有针对性的科技创新政策评估框架和指标体系。尽管已有部分相关研究，但目前尚未形成一套能够很好契合科技创新政策特点、国际通行的评估框架和指标体系。

从国内研究情况来看，近年来，在科技领域对政策评估的强烈需求和来自西方发达国家评估经验示范效应扩散的双重驱动下，我国学界对科技创新政策评估的研究得到了加强，评估的方法与技术水平有所提高，在支撑科技决策和创新政策管理中发挥了积极作用，但总体来说，科技创新政策评估在我国还处于初级阶段，在政策过程中仍属于比较薄弱的环节，尚未形成制度化的评估体系，评估实践中还缺乏系统、规范的评估理论方法指导，特别是评估的框架和指标体系。国内一些专家学者虽在这方面进行了积极探索，但该领域的研究成果仍然数量有限、不成系统，还没有形成得到普遍认可的评估框架和指标体系。评估支撑理论方法的不完善，将在较大程度上阻碍科技创新政策评估的科学化、规范化进程，也不利于科技创新政策评估活动的深入开展。

基于上述研究分析，在今后较长一段时期，加强科技创新政策评估理论和方法体系建构，是推动我国科技创新政策评估发展的重要方向。其中，评估框架、指标体系作为指导评估活动的逻辑分析框架和核心方法工具，应该成为研究的重点。在研究过程中，既要积极学习借鉴西方发达国家前沿的政策评估思想、理念和方法，也应充分考虑我国政策评估的制度基础和科技创新政策的国情与特点，如此才能使研究的成果契合实际、发挥更大效用。

三、研究的目标和思路

（一）研究目标

本书主要探讨科技创新政策评估的理论、方法和实践，鉴于评估框架和评估指标的重要性，同时考虑到目前我国在科技创新政策评估实践中还缺乏系统、规范的评估理论方法指导，也尚未形成一套得到业界普遍认同、能够广泛应用于评估实践的评估框架和指标体系，尝试针对已有研究不足和薄弱环节，重点在评估框架和指标体系方面作深入研究探索。具体而言，结合科技创新政策的属性和特点，研究构建一套契合中国科技创新政策价值特征，具有较强针对性、可操作性和实用性的评估框架和指标体系，并希冀在科技创新政策评估的理论分析和方法建构上有一定贡献，提出的评估框架和指标具有较强的实用价值、契合评估实践发展需求，有利于促进我国科技创新政策评估朝专业化和规范化的方向发展。

（二）主要思路

以公共政策评估理论、创新理论、科技价值理论等与科技创新政策评估有关的基本理论方法为基础，开展相关研究工作。拟构建的我国科技创新政策评估框架和指标体系应兼具理论指导作用和较强的实用性，既适用于单一性政策，也适用于复合型政策，[①] 便于在更大范围的应用和推广。评估框架和指标体系开发后，将通过自评价、专家咨询、实践检验、专题研讨等多种方式进行研究论证，并分别从单一性政策和复合型政策中选取典型案例进行实证分析，提高该套评估框架和指标体系的科学性、可操作性和适用性。

（三）研究创新点

本研究的创新点主要有：

一是在对科技创新及其政策评估的三层价值进行探讨的基础上，结合政策科学的研究视角，凝练提出了中国科技创新政策具有“政治功能”“科技进步”“经济效益”“社会发展”和“生态进化”五维价值取向，并确立了价值评估与事实评估相结合的评估理念。

二是针对已有研究提出的评估框架和指标存在的重技术分析而缺少价值取向判断、聚焦政策效果而偏失政策过程、评估实际操作性、实用性欠缺等明显缺陷和不足，基于政策评估理论、创新理论、科技价值理论等基本理论方法，在对政策价值与事实，政策设计、政策执行和政策效果三环节进行深入关联分析的基础上，提出了一套融合中国科技创新政策价值理念、政策工具、政策实施过程和绩效的多维度综合评估框架和指标体系，力求弥补已有研究中存在的不足和缺陷，并在特定领域的评估理论分析框架上一定贡献，在评估的方法论上有所突破。

三是从系统观点和全过程评估视角，提出的覆盖“政策制定（设计）—政策执行—政策效果”各阶段、各环节的科技创新政策综合评估框架和指标，既适用于单一性政策，也适用于复合型政策，可以较好地满足不同类型政策的评估需求。

---

① 关于“单一性政策”和“复合型政策”的界定，详见第二章“科技创新政策的主要类型”。

四是研究构建的中国科技创新政策评估框架和评估指标体系（包括1套基础、通用的和2套面向典型案例政策、更为具体的）拟将评估的理论、方法和实践有机结合起来，对科技创新政策评估实践具有较强的指导作用和应用价值。

四、研究方法和技术路线

（一）研究方法

科技创新政策评估体系研究特别是评估框架和评估指标体系的建构，理论性和实践性较强，需要有一定的理论依据和理论研究分析，同时也需要结合评估实际与具体案例对研究构建的评估框架和指标进行深入剖析。因此，本书采用规范研究和实证研究相结合的研究方法。具体来说，主要包括以下四种方法。

1. 文献分析法

对国内外关于公共政策评估特别是科技创新政策评估的相关文献资料进行系统梳理和归纳分析，并重点考察研究科技创新政策评估的理论方法，特别是评估的框架与指标等，在综述已有研究成果的基础上明确本研究的主要对象和内容，找出当前研究的薄弱环节、切入点以及亟待重点突破的方向。同时，对公共政策评估理论、创新理论和科技价值理论等相关重要理论进行梳理总结分析，为研究的展开提供理论准备。

2. 比较研究法

一方面，在系统考察科技创新政策评估主要理论方法的基础上，对不同类型评估方法的分析工具、适用对象（范围）和优缺点等进行比较分析；另一方面，围绕研究重点关注的科技创新政策评估框架和评估指标，对国外较为典型的评估框架和指标进行归纳总结，对国内已有研究提出的科技创新政策评估框架和指标进行比较分析，指出现有研究的贡献和作用，同时分析其存在的缺陷和不足，为研究提出一套更适合我国现实国情、科技创新政策特点的政策评估框架和指标体系奠定基础。

3. 系统分析法

系统分析是政策研究中，尤其是政策评估环节经常采用的基础而重要的方法，着眼于政策评估系统的整体和部分、结构和层次、结构和功能、系统和环境等相互联系与作用，以求得优化的整体目标。系统分析的发展为政策科学的产生奠定了方法论基础。本书基于系统的观点和视角，将科技创新政策各个阶段（过程），作为一个完整的体系进行研究，政策设计、政策执行、执行效果三个层面都纳入评估研究范围，进行全方位、系统完整的动态考察。此外，由于科技创新政策评估涉及公共管理、政策科学、科技评估、科技创新、科技社会学等诸多学科（领域），在研究过程中注重多学科（领域）的综合分析。

4. 案例分析法

案例分析（case study）是政策研究中最重要的研究方法之一，也是印证政策原理、逻辑框架和模型方法（如检验其科学性、合理性等）的重要分析工具。在本书中，分别从单一性政策和复合型政策中，选取企业研发费用加计扣除政策和《配套政策》这两个典型案例，对研究提出的科技创新政策评估框架及指标进行实证分析，以期达到研究的目的和要求。

此外，还将通过科技创新政策管理部门（国家和地方两个层面），科技评估、政策评估、科技创新政策研究专家，企业、高校、院所等科技创新政策目标群体等的反馈（通过面访、座谈会、专题研讨等形式），以及后期具体的评估实践，来进一步检验该套评估框架和指标的科学性、合理性和可操作性。

（二）技术路线

基于研究的主要内容和思路，拟采取的技术路线见图 1－2。

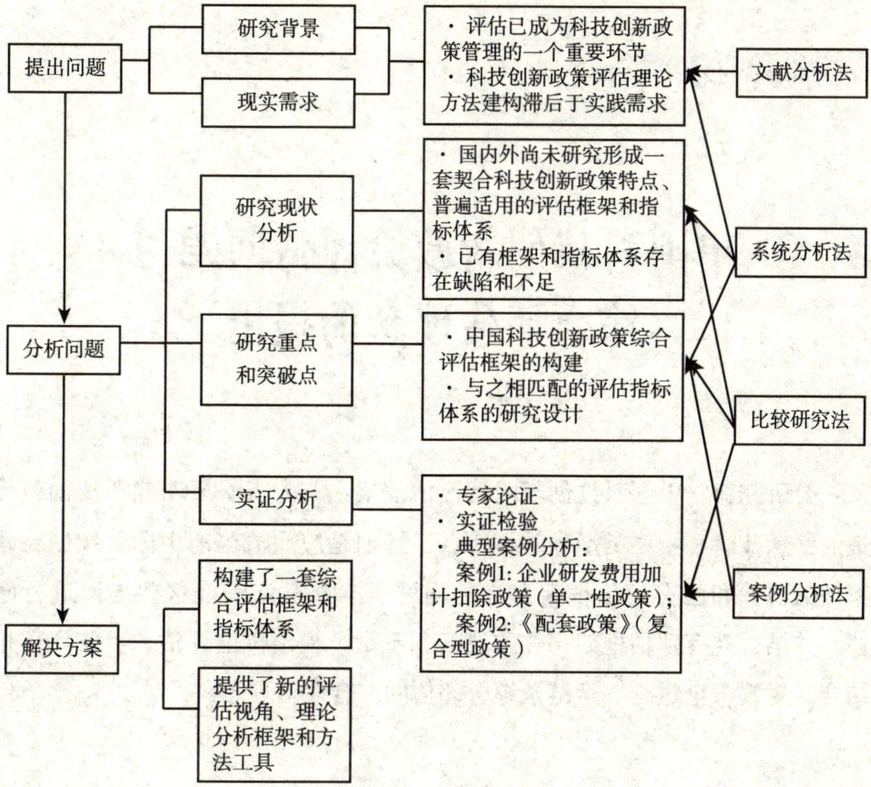
提出问题
研究背景
现实需求
· 评估已成为科技创新政策管理的一个重要环节
· 科技创新政策评估理论方法建构滞后于实践需求
文献分析法
研究现状分析
· 国内外尚未研究形成一套契合科技创新政策特点、普遍适用的评估框架和指标体系
· 已有框架和指标体系存在缺陷和不足
系统分析法
分析问题
研究重点和突破点
· 中国科技创新政策综合评估框架的构建
· 与之相匹配的评估指标体系的研究设计
比较研究法
实证分析
· 专家论证
· 实证检验
· 典型案例分析：
案例1: 企业研发费用加计扣除政策（单一性政策）；
案例2:《配套政策》（复合型政策）
案例分析法
解决方案
构建了一套综合评估框架和指标体系
提供了新的评估视角、理论分析框架和方法工具

图 1－2　技术路线

第二章

中国科技创新政策评估问题与综合评估理念的提出

要研究建立中国科技创新政策评估框架，首先有必要明确科技创新政策的概念范畴、主要类型和基本特点，特别是应厘清当前中国科技创新政策评估现状和已有评估框架存在的问题。本章重点围绕这些方面进行阐述，并结合现有评估框架存在的缺陷和不足，提出价值评估和事实评估相结合，对政策全过程、全链条综合评估的综合评估理念。

一、科技创新政策的内涵和特点

（一）科技创新政策的概念厘定

根据克鲁斯科·杰克逊（1992）的解析，政策系政治或行政系统产出。在政策研究中，有政策和政策工具的分类。其中，前者是决定政策目标的，后者是用来实现目标的。具体而言，后者是构成前者的基本单元或要件，是达成政策目标所采用的手段。①

关于科技创新政策（sicence，technology and innovation policy，STIP）的概念和范畴，目前学界还没有形成统一认识。主要观点有以下几种。

① 苏竣，杜敏. AVS 技术标准制定过程中的政府与市场“双失灵”［J］. 中国软科学，2006（6）：39 -45.

一是基于广义视角和综合性概念的理解。认为科技创新政策即关于科学、技术和创新的政策，涵盖了科学政策（science policy）、技术政策（technology policy）和创新政策（innovation policy）。伦德瓦尔和博拉斯（Lundvall and Borras，2005）将科技创新政策归纳为为实现国家目标，政府能够而且已经实施的关于推进科学、技术知识的生产、扩散和应用的公共政策，同时认为科学政策、技术政策和创新政策之间存在一定的交叉、重叠。

二是基于政策工具视角的定义。肖士恩等（2003）认为科技创新政策是决策者为实现所辖区域的科技进步和经济增长而对社会公共资源进行权威性倾斜分配的工具，具有战略性、系统性、可操作性特点，服务于整体的科技和经济发展战略目标，需要多部门配合和协调。罗伊·罗斯威尔和沃尔特·泽格威尔德（Roy Rothwell and Walter Zegveld，1985）结合政策功能，从政策工具视角提出创新政策包含供给面（侧）政策、需求面（侧）政策和环境面（侧）政策①。

上述两类观点，从不同角度出发，都有其合理性。前一类观点有助于从更宽广的视角来认识科技创新政策及其丰富内涵；后一类关于政策工具的分类说，能够较好体现科技创新活动的特点及政策作用方式。本书倾向于综合理解和认识科技创新政策的内涵。在笔者看来，当前新一轮科技革命和产业变革正在孕育兴起，全球科技创新呈现出新的发展态势，学科交叉融合加速，科学、技术和创新之间的关联日趋紧密，边界日益模糊，已难以从政策形式上对其进行简单切分；从科技创新政策的功能定位看，实质上是政府为了弥补市场失灵和系统失灵问题，对科技、技术和创新资源与要素分配所做出的一种制度安排，具有引导、激励和规制等多元功能；同时，科技创新政策也体现了政府科技管理部门、创新主体（企业、高校、院所等）、社会有关组织（包括科技中介服务机构、金融机构、科技社团等）、科技智库和社会公众五大角色的互动协调关系，政策的目标、政策制定者、政策执行者、政策作用对象、利益相关方、政策的监督

① Rothwell, R. and W. Zegveld. Industrial Inovation and Public Policy [M]. London: Frances Printer, 1981: 19-31.

和反馈是贯穿于科技创新政策制定和实施全过程的重要制度性要素。当前，科技创新政策的出台，通常以政策文本（政策文件）的形式体现，本书所界定的科技创新政策评估①对象，以政策文本（政策文件）为主要载体。

（二）科技创新政策的主要类型

科技创新政策是政府部门干预或调节科学、技术与创新活动的常见而重要手段，内容丰富、涉及范围广泛，表现形式多样。按照不同的维度和依据，可以有多种分类方法。在对科技创新政策的概念和内涵探讨的基础上，结合政策分类的多维视角，笔者认为，可以大致将其具体划分为以下几种类型。

1. 根据文件发布层次，可分为国家、地方、区域、行业科技创新政策

以中国为例，国家层面的科技创新政策，主要包括以中共中央、国务院名义或者以中办、国办名义（联合）颁布实施的政策，以及由国家相关部委和有关单位②单独发布或几个部门间联合发布的政策。前者如《中共中央 国务院关于深化科技体制改革 加快国家创新体系建设的意见》和《关于强化企业技术创新主体地位 全面提升企业创新能力的意见》；后者如科技部发布的《关于依托转制院所和企业建设国家重点实验室的指导意见》，财政部、国家税务总局和科技部三部门联合出台的《关于完善研究开发费用税前加计扣除政策的通知》等。前者层次高，出台的文件数量相对有限，通常冠以“决定”“意见”名称，后者涉及几十个部门，相关部门均有制定出台权限，因此较为常见。地方层面的科技创新政策主要涉及省级（各省、自治区、直辖市、计划单列市和新疆生产建设兵团等）、地市级、县级三个层次，各级地方党委、政府及其当地有关部门出台科技创

① 关于科技创新政策评估的概念界定，详见第一章。

② 以科技部、工信部、中科院、工程院、军委装备发展部、军委科技委、国防科工局、中国科协等“科字口”部门，国家发展改革委、财政部、国家税务总局等综合性部门为主，还包括人力资源社会保障、国有资产管理、金融管理等多个部门。

新政策均属于此类。地方层面的科技创新政策中，有一部分作为贯彻落实国家政策的重要组成，另一部分则是根据当地需求而制定出台的，政策形式上基本与国家政策保持一致。区域层面的科技创新政策，涉及跨省（区、市）的联合，目的是打造区域科技创新的共同体，推进区域创新体系建设。根据政策文件的层级与重要性，有的文件由几部委联合发布，有的则以相关省市联合发布。前者如2015年6月国家发展改革委、科技部、人社部、中科院四部门联合印发的《关于促进东北老工业基地创新创业发展打造竞争新优势的实施意见》，后者如北京市科委、天津市科委、河北省科技厅联合签署的《京津冀协同创新发展战略研究和基础研究合作框架协议》。行业层面的科技创新政策，通常由行业部门牵头制定，如工信部发布的《国家规划布局内重点软件企业和集成电路设计企业认定管理试行办法》等。

2. 根据政策目标定位，可分为使命导向型和扩散导向型科技创新政策

厄喀斯（Ergas，1987）依据演化论的观点，把科技创新政策划分为“使命导向型”（mission - oriented）和“扩散导向型”（diffusion - oriented）两种类型。前一类型，主要采用“大科学”的方式，从事对国家经济社会发展有重大影响的激进式创新，最大的特点是“集中化”，包括创新决策、选择技术和项目的集中化，支持重点主要集中在少数大型的科技型企业和科研单位，如我国支持国家科技重大项目和工程的政策；后一类型，主要侧重科技创新基础设施的建设、技术的转移与扩散，以及不同创新主体之间的协同合作，倾向于促进渐进型的创新。

3. 根据政策内容特点，可分为科学政策、技术政策和创新政策

刘立（2011）认为，科学政策关注的焦点是科学知识的生产；技术政策聚焦于技术知识的发展及其商业化；创新政策兼具科技和经济的双重属性，着眼于促进科技与经济的融合发展和经济体总体创新绩效的提高（见表2－1）。[①]

---

① 刘立．科技政策学研究［M］．北京：北京大学出版社，2011．

表 2－1　　科学政策、技术政策和创新政策关注的焦点

政策类型	关注的焦点	关注的政策手段
科学政策	科学知识的生产	以竞争方式获得的公共研究基金 公共（半公共）研究机构（如实验室、大学和研究中心等） 对企业的税收激励 高等教育 知识产权
技术政策	促进产业技术知识的发展及其商业化	公共采购 对战略性产业的公共支持 建立不同组织之间的联系（如产—研合作） 劳动力培训和技能的提升 技术标准 技术预见 不同产业部门之间的标杆对比
创新政策	经济体的总体创新绩效	提升个人技能和学习能力（通过普遍教学和劳动力培训） 提升组织绩效和组织学习（如 ISO 9000 标准、质量控制等） 提升获取信息的渠道；信息社会 环境规制 生物伦理规制 公司法 竞争规制 消费者权益保护 为区域发展提升社会资本；产业聚集和工业园区 智能标杆对比 职能的、反思性的和民主化的（技术）预见

4. 根据政策工具作用方式，可分为供给面、需求面、环境面科技创新政策

如上所述，按照罗伊·罗斯威尔和沃尔特·泽格威尔德对创新政策的分类思想，根据政策工具对科技创新活动的作用方式不同，可以将科技创新政策划分为供给面政策、需求面政策和环境面政策三类。[①②] 也有学者仅按供给面和需求面两类对创新政策进行划分，如雅各布·艾德勒（Jakob

① Rothwell, R. and W. Zegveld. Industrial Inovation and Public Policy [M]. London: Frances Printer, 1981: 19－31.

② 许冠南，苏竣，智强．引入政策维度的技术路线图分析工具创新［J］．科技进步与对策，2014（6）：110－113.

Edler，2007）和卢克·乔赫（Luke Georghiou，2007）。[①] 目前，国内学者普遍采用三类分法。这三类政策工具共同构成完整的政策体系，对科技创新活动发挥直接的推动、拉动作用，或者间接的影响作用。其中，供给面政策指政府通过人才、信息、技术、资金等手段，直接扩大技术的供给，改善技术创新相关要素的供给状况，推动技术创新和新产品开发；需求面政策指政府通过公共采购与贸易管制等措施，积极开拓并稳定新技术应用的市场，减少市场的不确定性，从而拉动技术创新；环境面政策具体指政府通过财政、金融、税收和法规制度等政策工具，改善科技创新发展的环境，为科技创新提供有利的政策环境，间接影响并促进科技创新。[②] 依上述内容划分，供给面、需求面和环境面三类科技创新政策工具构成见图 2－1。

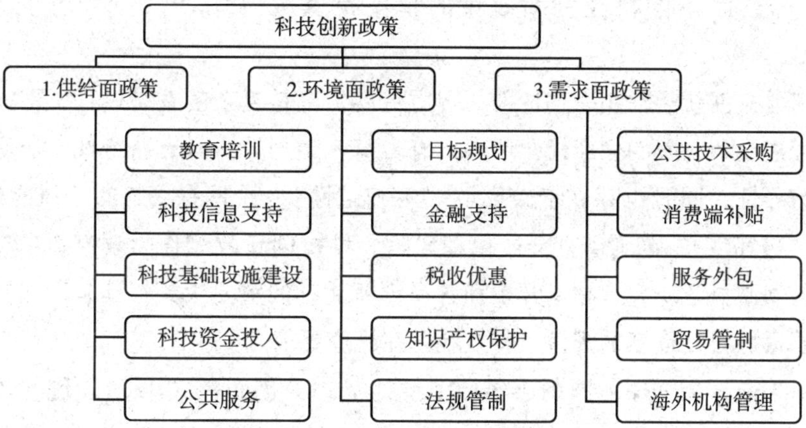

图 2－1　科技创新政策工具分类

5. 根据政策内容范围和复杂程度，可分为单一性科技创新政策和复合型科技创新政策[③]

单一性科技创新政策，也称单项科技创新政策，政策内容聚焦于某一具体政策，有明确的政策指向和目标，政策内容、层次较为单一。比较典型的单一性政策有企业研发费用加计扣除政策、研发仪器设备加速折旧政

① Jakob Edler and Luke Georghiou. Public procurement and innovation—Resurrecting the demand side［J］. Research Policy，2007（36）：949－963.

② 苏竣．公共科技政策导论［M］．北京：科学出版社，2014.

③ 笔者所作分类。

策、职工教育经费税前扣除政策等。复合型科技创新政策，通常由两项及以上的单一性科技创新政策构成（也称“政策组合”，policy mix），甚至包含若干政策方面（每个方面由若干项单一性政策组成），政策内容覆盖面较宽、目标较为宏大和立体，一般需要有相对应的实施办法细化支撑。典型的复合型科技创新政策有《配套政策》，其包括了10个政策方面60条政策，另有70多项实施细则。从单一性政策与复合型政策的关系来看，复合型政策往往在某一领域或综合方面起指导和统帅作用，单一性政策则在整个政策体系中是处于从属地位的，它经常是复合型政策的具体化和延伸，或是为了贯彻复合型政策而制定的具体行动准则或者具体行为规范。

（三）中国科技创新政策的基本特点探讨

科技创新活动是一种特殊的智力劳动，也是复杂的系统过程，不同于工程建设和一般的生产经营活动，有自身一定规律，具有新奇性、异质性与跨界性；同时也存在着较大的“不确定性”，并具有一定的“风险性”与“破坏性”，隐含着社会或伦理风险。科技创新政策作为政府引导、激励与规制科学研究、技术开发和各项创新活动的重要工具，其制定和实施需要遵循科技创新的规律、特点和内在机理要求。

当前，在全球范围内已经历了线性范式（创新范式1.0）、创新体系（创新范式2.0），开始进入创新生态系统（创新范式3.0）。[①] 相应地，科技创新政策也开始往3.0时代趋势发展，具体表现为强调不同政策域之间的宏观协调和整合，更加注重对创新绩效的度量，重视需求面政策应用，注重系统变革转型和更具前瞻性等。[②] 这对科技创新政策的制定、实施和评估提出了新要求，关于科学、技术与创新政策的新研究范式也正在逐步形成。

对中国而言，科技创新政策是根据不同历史时期科技与经济活动的特点，伴随科技体制改革的步伐而不断向前演进发展的。从公共政策过程的视角看，有学者认为（薛澜，2013），其主要经历了三个阶段。一是1985

① 李万，常静，王敏杰等．创新3.0与创新生态系统［J］．科学学研究，2014（12）：1761－1770.

② 王敏杰．主要发达国家第三代创新政策实践与启示［J］．创新科技，2015（5）：4－7.

年的科技体制改革。总体来讲，当时的一个政策目标转变就是从创造知识到创造价值，明确提出科技要为经济服务，所以这个目标是一个大的转变，采用的政策工具主要是激励机制，政策过程就是政策精英主导制定，执行客体基本上限于科技界。二是1998年之后的改革。在政策目标上除了创造价值以外，还特别提到了国家的位置，无论是国家创新系统，还是一流大学的建设，跟这一目标都有所关联。虽然当时也提出技术创新体系，但实际上政策的执行客体主要还是在科技和教育界。三是2006年之后的改革。《科技规划纲要》发布实施后，我国科技发展进入快速赶超及注重创新驱动发展的重要阶段，政策目标进一步升级，政策工具进一步多元化，政策过程主要由科技管理部门组织、到需要多部门参与和协调，社会、公众的参与度也有所提高，执行客体上明确提出企业是技术创新的主体，从而整个政策的过程发生了本质上的变化（见表2－2）。

表2－2　　中国与科技创新相关政策的演变过程

类别	1985年科技体制改革	1998年之后的改革	2006年之后的改革
政策目标	创造知识≥创造价值	创造价值＋国家地位	创造机制＋国家地位＋创造知识
政策工具	激励机制	激励机制＋强制	激励机制＋强制＋宣传
政策过程	政策精英	政策精英	政策精英＋政府多部门＋社会＋企业
执行客体	科技界	科技、教育界	企业＋科技教育界＋金融＋……

资料来源：薛澜. 科学政策、技术政策、创新政策的联系及演变——政策过程的视角，“科技创新政策体系建设”研讨会交流材料，清华大学，2013年10月。

其中，第三阶段是我国科技发展的关键阶段，也是科技创新政策密集出台时期，体现了新时期我国科技创新政策的鲜明特点，同时决定了此后相当长一段时间我国科技创新政策的发展走向。2005年底国务院颁布的《国家中长期科学和技术发展规划纲要（2006—2020年）》提出了建设创新型国家目标，2012年全国科技创新大会召开并发布了《中共中央 国务院关于深化科技体制改革 加快国家创新体系建设的意见》，党的十八大明确提出实施创新驱动发展战略。为推进实施创新驱动发展战略，党中央、国务院于2015年和2016年分别出台了《关于深化体制机制改革加快实施创新驱动发展战略的若干意见》《国家创新驱动发展战略纲要》，2016年国务院还印发了《“十三五”国家科技创新规划》，从中央到地方相继颁布实施了一系列鼓励和支持科技创新的政策措施。

总体来看，在中国实施创新驱动发展战略和深化科技体制改革这一新的发展时期，政府部门在科技创新政策管理和介入方面表现得更加积极主动，措施更加密集和多元，政策全且力度大，政策范式呈现出明显变化，也体现了中国的政策国情与现实特征。具体表现为：（1）在政策着力点上，环境面政策被提到突出位置，从注重“政策优惠”向消除“制度障碍”和营造健康环境转变。其中，针对企业这一重要创新主体，特别强调，通过营造综合性政策环境带动企业创新能力建设，着力解决长期存在的企业技术创新能力薄弱、尚不能真正成为技术创新主体等一系列问题。（2）在政策制定上，扩大企业在国家科技创新决策中话语权，例如，吸收更多符合条件的企业积极参与国家科技创新规划、创新政策、科技计划和技术标准等的研究制定，并积极发挥科技界和智库对科技创新的决策咨询作用，提高公众参与度，政策制定的科学化、民主化程度得到提升。（3）在政策协调上，注重创新政策的宏观统筹协调，强化相关部门间政策协同和中央与地方上下联动，以及科技政策与财税、金融、投资、产业、贸易、消费政策间的衔接配套，加快建立政策协调审查机制，政策协调的层级明显提升、力度不断加大。（4）在政策手段上，强调发挥税收优惠、财政补贴等激励性政策作用的同时，更加注重规制性政策（如打破制约创新的行业垄断、改革产业监管制度、实行市场准入负面清单等）的作用，手段更加多样化、更加平衡。① 此外，更加注重政策的普惠性（如近年来几次修订完善企业研发费用加计扣除政策，不断提高对企业的优惠力度和政策普适性）、可操作性、政策工具的集成与组合运用，以及政策与国际规则的衔接。

二、中国科技创新政策评估的现状分析

（一）评估发展的总体情况

追溯我国的科技评估工作，可以从 20 世纪 60 年代政府部门开展的科

① 梁正．从科技政策到科技与创新政策——创新驱动发展战略下的政策范式转型与思考［J］．科学学研究，2017（2）：170－176.

技成果鉴定算起。1994 年开始，原国家科学技术委员会首先提出用“第三只眼”对国家科技主体计划进行评估，评估类型从科技成果鉴定转变为以政府资助的公共研发活动中的科技计划和项目等为主要对象（如开展科技项目预算评估、科技计划总结评估等），评估的主要特点是服务于科技计划项目管理和科技决策的需要，主要目的是提高财政科技资金的效益和效率。[①] 除国家科技行政主管部门外，中科院和自然科学基金会等科字口单位，也相继开展了服务于改进完善自身内部管理的相关科技评估活动，如科研机构绩效评估、科技竞争力评价、基金项目选择和质量评价等。各地方科技管理部门围绕科技计划项目立项、公共科技创新资源的优化配置等，也相应开展了相应评估活动。

随着科技评估的发展，特别是受到我国公共行政管理改革中引入“政府绩效评估”理念的影响，科技评估工作得到新的推动力，评估的领域和范围也逐步拓展到科技政策法律、科技战略和规划、科研机构、科技创新基地和平台、科技人才、科技成果和知识产权、军民融合等领域，形成多领域并存、融合发展的新阶段。在科技创新政策评估方面，经过前期研究探索、方法工具开发和政府部门的大力推动，当前已进入理论研究和实践相结合的加快发展阶段。特别是 2006 年《科技规划纲要》《配套政策》发布实施后，随着中央部门和地方政府大量科技创新政策文件的密集出台，政府部门对政策落实情况和效果的高度重视，以及将评估逐渐引入政策管理环节，国内对科技创新政策评估的研究进入了新的发展时期。主要呈现以下几个特点：一是评估的需求主要来源于政府。评估的主体是国务院，以及各级科技行政管理部门等科技创新管理机构，评估的主要目的是为促进政策落实、改进和完善政策，以及制定出台新政策提供依据和参考。随着政府科技管理职能的逐步转变，以及政府部门对战略政策、科技规划、监督评估工作重视程度的加强，在科技管理领域对科技创新政策评估的需求更加迫切。二是评估研究主体多元并存、“百花争鸣”。评估研究的力量由此前的高校、科研机构研究人员，逐步拓展到政府部门所属的科技评估机构和软科学研究机构。目

---

① 方衍，田德录．中国特色科技评价体系建设研究［J］．中国科技论坛，2010（7）：11－15.

前，随着科技界及有关方面对“第三方”评估的重视和关注，以及“第三方”评估组织的兴起，已有并将有越来越多的社会上的第三方机构逐渐参与政府部门委托开展的科技评估和研究活动。三是评估的方式以内部评估为主、外部评估为辅。现阶段开展的科技创新政策评估主要为改进决策和管理服务，评估的外部监督问责功能还不够凸显，社会的参与度还不高，评估结果的公开透明度还有待提升。除了国家层面积极推进科技创新政策评估工作外，近年来各地方政府也根据中央要求或本地区工作需要，相继开展了一些科技创新政策评估实践。其中，一些地方通过软科学研究计划项目或相关课题，资助相关评估和研究机构开展科技创新政策评估研究；有的省市专门设立了科技创新政策评估研究基地，加强研究探索；评估工作基础较好的地方，还发布了年度科技创新政策调查和评估报告。

目前，科技创新政策评估及其研究在我国正呈现方兴未艾的趋势。在逐渐升温的评估实践需求的引导和推动下，科技创新政策评估研究已成为科技政策与管理领域的研究热点，有越来越多的专家学者积极投身该领域，积极探索评估的理论和方法。近年来，国内已开展的实证研究主要包括两类：一类是对国家层面科技创新政策评估的实证研究。既涉及复合型的综合性政策，如《科技规划纲要》的《配套政策》；[①] 也涉及面向特定区域、产业、行业、创新主体的专项政策或某一支持工具的政策。前者如国家创新改革示范区（自主创新示范区、自主创新综合改革试验区、全面创新改革试验区）政策、高新技术产业政策、汽车产业技术创新政策、集成电路产业政策、民营科技企业技术创新政策、中小企业创新政策、创新驿站政策，后者如税收激励、金融支持、政府采购、教育与科普政策等。另一类是关于某一区域（如长三角等）、省市科技创新政策评估的实证研究。已有实证研究中，更多关注政策的落实情况、效果和存在的问题，政策文本分析、同行评议、问卷调查、实地调研、利益相关方访谈、荟萃分析等是通常采用的方法。

---

① 王再进，方衍，田德录．国家中长期科技规划纲要配套政策评估指标体系研究［J］．中国科技论坛，2011（9）：5－10.

（二）已有研究提出的评估框架

关于科技创新政策评估框架的国内外研究情况，在“文献综述”部分已作了较为全面的阐述。总的来看，在前一阶段国内专家学者主要研究提出以下三种评估框架，包括基于供给面、需求面、环境面政策维度的评估框架，基于评估目的、评估时间和创新活动维度的评估框架，以及基于政策投入和产出的评估框架。以下各选取一个典型案例进行剖析。

1. 基于供给面、需求面、环境面政策维度的评估框架

该评估框架的基本特点是，吸收罗伊·罗斯威尔和沃尔特·泽格威尔德思想，将中国科技创新政策体系中所涉及的主要政策工具划分为供给面（侧）政策、需求面（侧）政策和环境面（侧）政策三种类型，并以此为基础框架，研究提出科技创新政策评估基本框架和指标体系，如表2－3所示。①

表2－3　　基于供给面、需求面、环境面政策维度的评估框架

一级指标	二级指标	三级指标
A 科技创新政策评估框架和指标体系	B1 科技创新供给（投入）政策指标	C1 R&D总额（万元）
		C2 地方财政科技拨款（万元）
		C3 大中型工业企业R&D经费内部支出（万元）
		C4 国有企事业单位专业技术人员（人）
		C5 大中型工业企业从事科技活动人员数（人）
	B2 科技创新需求政策指标	C7 专利申请受理（件）
		C8 专利申请授权（件）
		C9 技术市场成交合同额（万元）
		C10 技术市场成交合同数（项）
		C11 国外主要检索工具收录我国科技论文数（篇）
	B3 科技创新环境政策指标	C12 人均地区生产总值（元）
		C13 大中型工业企业总产值（万元）
		C14 大中型企业年末从业人员数（人）
		C15 大中型工业企业新产品产值（万元）

① 郭强．基于省级数据的区域科技创新政策评估［J］．统计与决策，2012（3）：81－83.

评估框架和指标体系构建后，主要采用模糊数学理论与熵值法分别计算出各个指标的隶属度和权重，对科技创新政策的效果进行定量化的评估。基于此类标准和方法建立科技创新政策评估体系的相关学者相对较多，如郭强（2012）、江永真（2012）等。

2. 基于评估目的、评估时间和创新活动维度的评估框架

该评估框架的基本特点是吸收了威廉·邓恩（William Dunn）的政策评估理念（如强调目标导向），对科技创新政策评估者的意志、评估客体属性和创新活动等多个方面进行综合性考虑。

如图2-2所示，评估基本框架由评估（主体）目的、评估（客体）时间（属性）和创新活动三个维度构成，每个维度上又包括了若干科目，共同构成评估的矩阵式结构图。其中，评估目的包括运行（效率）、状态（效益）、影响（效果）和其他（如政策的针对性、衔接性、系统性）要素；创新活动包括企业内部创新、科技创新、协同创新和其他创新4个要素；时间尺度包括事前、事中和事后3要素。在上述基础上，构成了4×3×4的X-Y-Z三维矩阵，即由48个方格组成的关系定位三维分析框架，并据此对科技创新政策进行系统评估。

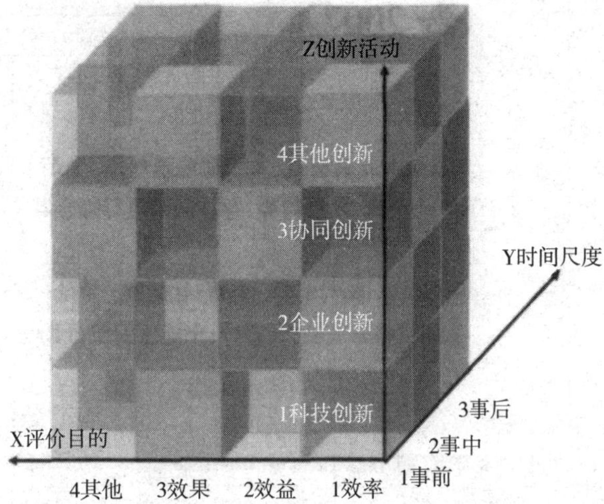

图2-2　基于评估目的、评估时间和创新活动维度的评估框架

资料来源：刘会武，卫刘江，王胜光，温珂．面向创新政策评价的三维分析框架［J］．中国科技论坛，2008（5）：33-36.

3. 基于政策投入和产出的评估框架

其基本特点是从国家创新系统角度评估科技创新政策绩效，着重关注政策的投入产出效率和结构，特别是效率方面。将决策单元的投入产出过程分为前后相续的两个子过程，将科技创新政策效率评估分为两个阶段：第一阶段是对技术开发子系统进行效率评估；第二阶段是对创新成果转化子系统进行效率评估。评估过程中，通过收集面板数据，建立上述两阶段集中式 DEA（数据包络分析）效率评估模型，并以各阶段的效率乘积为创新系统的综合效率。① 相关模型如图 2－3 所示。

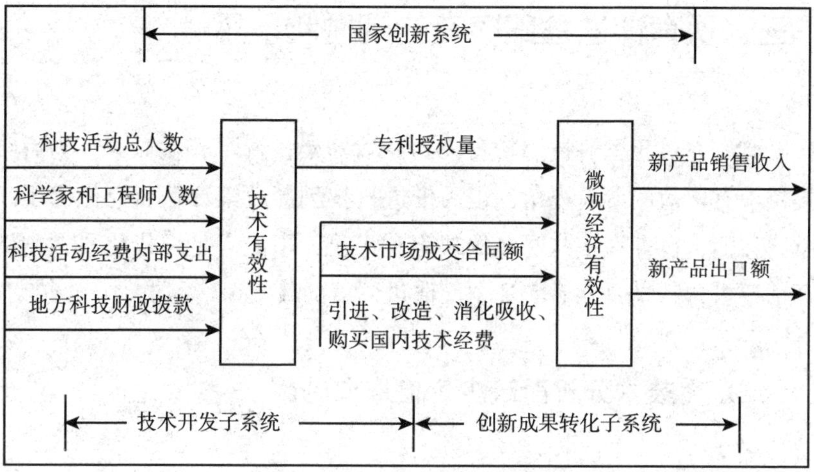

图 2－3　两阶段科技创新政策投入产出链式结构模型（框架）

根据该评估模型，在技术开发子系统中，衡量科技创新政策绩效的投入指标包括科技活动人数（科技管理人员、课题活动人员和科技服务人员）、科学家和工程师人数（反映人才资源政策的效果）、科技活动经费内部支出（包括中央政府资金、企业资金、金融机构贷款）和地方政府科技财政拨款（用测度地方对科技创新的重视程度和地方科技创新的发展程度）；衡量科技创新政策绩效的中间产出指标包括 SCI 论文数、专利授权量和技术市场成交合同额，其中技术市场成交合同额主要反映科技中介机构所发挥的作用。在创新成果转化子系统中，选用国内引进国外技术经费

① 叶胡，宋伟，赵嘉茜，高亮文．基于两阶段集中式 CCR－DEA 模型的科技政策绩效评估分析［J］．中国科技论坛，2012（12）：27－33.

支出、新技术消化吸收费用支出、技术改造经费支出、购买国内技术经费支出等四项支出作为中间投入；产出指标选用新产品销售收入和新产品出口额，其中，新产品销售收入反映创新的经济价值和商业化水平，新产品出口额表示高技术产业国际发展环境。

通过两阶段集中式 CCR - DEA 模型的建构，一定程度上弥补了独立 DEA 方法的不足，评估结果可以使决策者了解系统内部出现问题的决策单元、决策单元出现问题的阶段。

三、现有评估框架存在的问题和不足

已有研究对我国科技创新政策的评估框架进行了有益探索，为后续研究提供了有价值的参考视角，也为推进科技创新政策评估研究做出了积极贡献。然而，也存在一些明显的缺陷和不足，不能满足现代化科技创新政策评估要求，特别是朝后实证主义演进发展的政策评估需求。

（一）重技术分析而缺少价值取向判断

评估标准是政策评估的衡量标杆，是否合理确定评估标准，将很大程度影响科技创新政策评估工作的科学性和有效性。从已有研究提出的科技创新政策评估框架和指标体系看，更多重视事实标准，包括政策的经济、效果和效率标准等；而对于价值标准，包括公平公正标准、社会发展标准、回应性标准和适当性标准等，或者没有涉及，或者关注很不够。同时，在中国知网（CNKI），以“科技创新政策评估/科学政策评估/技术政策评估/科技政策评估/创新政策评估”为检索词，以 1979 ~ 2017 年为文献来源时间节点，通过“篇名”“关键词”栏目检索到与科技创新政策评估相关学术论文共 49 篇。[①] 从这 49 篇论文的统计分析看，专门研究科技

① 系指删除了部分重复论文，以及 6 篇学术价值不大的文章（如启动科技创新政策评估的工作通知、举行科技创新政策评估培训研讨班和成立创新政策评估研究基地的报道等）之后的学术论文统计数。

创新政策价值评估的论文仅有1篇（占2%）。① 另有1篇论文，未专门对科技创新政策价值评估问题进行研究，但在论文中对科技政策的行政、经济和社会价值进行了探讨。② 其他论文主要研究地方层面的科技创新政策评估、国内外的科技创新政策评估研究与实践、特定产业或领域（如医药）的科技创新政策评估、科技创新政策的基本理论方法等议题，几乎不涉及科技创新政策价值评估标准和方法层面的研究内容（见表2-4）。

表2-4　中国知网科技创新政策评估方面49篇相关研究论文统计信息

序号	研究内容分类	论文作者、题目、登载刊物	发表年份
1	地方政策评估	戚湧、王静；江苏省大众创新创业政策评估；科技管理研究	2017
2	地方政策评估	郑秋生、李金惠、曾凯华；广东省科技创新政策评估现状、问题及对策研究；特区经济	2017
3	地方政策评估 效果评估	王任远；江苏省科技政策效果评估研究；南京工业大学	2014
4	地方政策评估	莫玲、李颖；安徽省科技创新政策评估制度建设探析；管理观察	2014
5	地方政策评估 特定产业/领域	深仁轩；深圳市创新重点人才政策评估机制；中国组织人事报	2013
6	地方政策评估 效果评估	郭兵、苏林、谢智敏；基于扎根理论的科技创新政策效果后评估分析——以上海109家企业调研问卷文本为数据基础；技术经济	2012
7	地方政策评估	郭强；基于省级数据的区域科技创新政策评估；统计与决策	2012
8	地方政策评估 绩效评估	江永真；区域自主创新政策绩效评估模型构建及实证分析；福州大学学报（哲学社会科学版）	2012
9	地方政策评估	杨耀武、张仁开；长三角区域科技创新政策评估及路线图研究；科研管理	2010
10	地方政策评估	肖士恩；基于创新型社会的地方科技创新政策评估理论研究；科技进步与对策	2010
11	地方政策评估	张传杰、张妍；辽宁科技创新政策评估的研究述评；辽宁行政学院学报	2010

① 王再进，徐治立，田德录．中国科技创新政策价值取向与评估框架［J］．中国科技论坛，2017（3）：27-32.

② 赵峰，张晓丰．科技政策评估的内涵与评估框架研究［J］．北京化工大学学报（社会科学版），2011（1）：25-31.

续表

序号	研究内容分类	论文作者、题目、登载刊物	发表年份
12	地方政策评估	肖士恩、陈娜；河北科技创新政策评估的实证研究；中国科技论坛	2009
13	地方政策评估效果评估	王春明、黄宁、王东红；完善广西公共科技政策实施效果评估的制度研究；企业科技与发展	2009
14	地方政策评估绩效评估	李国平、陈福明、仇荣国、郭昌华；地方科技政策法规绩效评估与建议；科技进步与对策	2009
15	地方政策评估	李子联；提升自主创新能力的信贷政策评估——基于江苏省结构模型的分析；贵州商业高等专科学校学报	2009
16	地方政策评估	唐玲；基层政府创新就业实践的政策评估——重庆市永川区组织农村富余劳动力转移就业的实践；中国经贸导刊	2009
17	地方政策评估	邵波；区域科技创新政策评估理论与实证研究；决策与管理研究	2009
18	地方政策评估绩效评估	陈福明、李国平、仇荣国；地方科技政策法规绩效评估指标体系；经营与管理	2007
19	地方政策评估效果评估	段君伟；广东省技术创新政策实施效果评估研究；暨南大学学位论文	2007
20	地方政策评估效果评估	陈尧；重庆市科技政策效果评估与建议；重庆大学学位论文	2005
21	理论方法研究	王再进、徐治立、田德录；中国科技创新政策价值取向与评估框架；中国科技论坛	2017
22	理论方法研究	袁志彬；基于政策文本分析的科技政策评估模型和实证研究；党政研究	2017
23	理论方法研究	朱文涛、孙珠峰；组织惰性中的评估悖论问题研究——基于科技政策评估经验的分析；科技管理研究	2016
24	理论方法研究	李纪珍、李雅文、陈思澍；随机控制试验法及其在创新、创业和政策评估领域的应用；技术经济	2014
25	理论方法研究	赵莉晓；创新政策评估理论方法研究——基于公共政策评估逻辑框架的视角；科学学研究	2014
26	理论方法研究	张晓丰、赵峰；科技政策评估的方法论体系及相关性研究；北京化工大学学报（社会科学版）	2012
27	理论方法研究	叶胡、宋伟、赵嘉茜、高亮；基于两阶段集中式 CCR - DEA 模型的科技政策绩效评估分析；中国科技论坛	2012

续表

序号	研究内容分类	论文作者、题目、登载刊物	发表年份
28	理论方法研究	王再进、方衍、田德录；国家中长期科技规划纲要配套政策评估指标体系研究；中国科技论坛	2011
29	理论方法研究	赵峰、张晓丰；科技政策评估的内涵与评估框架研究；北京化工大学学报（社会科学版）	2011
30	理论方法研究	刘会武、卫刘江、王胜光、温珂；面向创新政策评价的三维分析框架；中国科技论坛	2008
31	理论方法研究	匡跃辉；科技政策评估：标准与方法；科学管理研究	2005
32	理论方法研究	肖士恩、雷家骕、刘文艳；科技创新政策评估的理论与方法初探；中国科技论坛	2003
33	国外研究	王再进、徐治立；国外科技创新政策评估研究现状、特点及启示；北京航空航天大学学报（社会科学版）	2017
34	国外研究	乔健；美国对重大科技创新政策的评估实践；全球科技经济瞭望	2014
35	国外研究 效果评估	陈宏光；国内外科技政策的效果评估综述；新西部（理论版）	2012
36	国外研究	吕燕；科技创新政策评估研究综述；科技进步与对策	2012
37	特定产业/领域	汪怿；面向全球科技创新中心建设的人才政策评估及发展对策；科学发展	2017
38	特定产业/领域	张玉强、胡思琪；科技创新券政策评估指标体系构建；中国科技论坛	2017
39	特定产业/领域	张玉强、胡思琪；科技创新券政策评估体系构成及运行研究；科技管理研究	2017
40	特定产业/领域 效果评估	王虹、冯国忠；对医药科技政策实施效果的 DEA 评估及研究；药学研究	2015
41	特定产业/领域	王再进、徐治立、刘辉、田德录；基于史密斯模型的企业研发费用加计扣除政策分析及建议；中国科技论坛	2015
42	特定产业/领域 绩效评估	李振；少数民族科技政策绩效评估与完善创新研究；中南民族大学学位论文	2012
43	特定产业/领域	冯国忠、朱亭郦；医药产业科技政策评估初探；中国药物经济学	2006
44	其他	陈光、王继源；我国创新政策转型研究；科技管理研究	2016
45	其他	李曼；我国公共科技政策评估研究；长安大学学位论文	2014

续表

序号	研究内容分类	论文作者、题目、登载刊物	发表年份
46	其他	李永生；我国科技政策评估：作用、问题及其对策；科技管理研究	2011
47	其他	李洁；我国公共科技政策制定及其评估体系的建立研究；燕山大学学位论文	2008
48	其他	唐云锋、李侠；论我国科技政策评估体系中存在的问题；中国科技论坛	2004
49	其他	唐新文；科技政策的控制失效与评估；云南科技管理	2002

注：1. 该表系笔者在检索和汇总有关期刊论文的基础上整理形成。

2. 中国知网数据库系统显示，仅收录1979年以来的论文，故从1979年起统计。1979年之前的论文，不在统计范围内。

3. 上述论文的发表年份，在内容分类的基础上，按降序排列。

在“重技术分析，轻价值判断”的评估思维模式下，现有评估框架和模型，偏重采用数理模型和定量分析，在评估过程中，缺乏必要的定性分析和价值判断。缺失价值判断的政策评估既不能有效回答政策的价值目标和价值取向问题，也不能充分体现评估的价值纠偏和引导功能。

（二）聚焦政策效果而偏失政策过程

结合面上整体考察和对上述三种常见评估框架的案例剖析，总的来看，现有的科技创新政策评估框架和模型，在评估分析内容及相关指标设计上，对政策的效果、效益、效率给予了较多关注，特别是政策效果或绩效方面（表2-4所列49篇与科技创新政策评估相关论文中，以科技创新政策效果、绩效评估为题的就有12篇，占比达22%），而对政策全过程的其他环节，特别是政策制定（设计）环节关注不多。其中，“基于供给面、需求面和环境面政策维度的评估框架”，没有涉及政策设计环节，提出的主要为政策产出和效果指标；“基于政策投入和产出的评估框架”，从政策投入、产出角度来考察政策绩效和效率，对政策设计环节也是没有涉及；“基于评估目的、评估时间和创新活动维度的评估框架”，虽触及了政策设计环节，但关注的核心仍是政策的“效率”“效益”“效果”，政策设计层面的指标较为单薄且均纳入“其他”维度考量，重视明显不够。

而史密斯模型告诉我们，一项具体的公共政策要达到预期目标和效果，政策设计（“理想化的政策”）是四个关键的影响要素之一，不容忽视。[①] 从目前国内科技创新政策研究和评估实践来看，近年来，随着大量政策密集、频繁出台，一些政策由于前端研究论证不够，政策的质量和效果受到了一定质疑，引起了政府部门和学界对政策预评估的更加重视。同时，政策执行是一项复杂的活动，“执行机构”“目标群体”“环境因素”“理想化的政策”之间也发生着交互关系，其系统运动的方向决定了一项政策最终的执行结果，因此，对于影响政策执行的“执行机构”“目标群体”“环境因素”等其他关键因素也应高度重视，纳入评估分析的重点内容，以有效打开政策过程“黑箱”，得出全面、真实、有效的评估结论。

（三）评估实践操作性和实用性欠缺

目前，已有研究提出的科技创新政策评估框架和模型，不少是基于学术研究的兴趣提出，还没有很好地与中国科技创新政策实践发展及评估需求对接起来，针对性、可操作性不强，实用性较差，对科技创新政策评估实践的具体指导作用也有限。

同时，受政策问题的复杂性、政策的重叠和政策资源的混合、政策影响的广泛性等影响，科技创新政策评估具有天然的复杂性，从政策的设计和酝酿出台到政策的具体执行过程，涉及中央政府与地方政府、政府部门与利益集团、政策受众（如企业、高校、科研院所和广大科研人员等）、社会公众等多元主体的互动和博弈，其过程十分复杂，各种利益关系相互交织，且政策的执行情况和效果还受政策实施的环境条件变化影响，有的甚至会受到政策评估对象的抵制，这些往往是不能通过单纯的“技术分析”手段和定量评估方法能够测算、分析清楚的。而目前，由于过于强调“技术分析”和量化的评估方法，一些评估模型计算和推导过程复杂，评估的一些假设条件在现实情况下受到评估环境、评

① Smith，T. B. The policy implementation process［J］. Policy Sciences，1973（4）：197－209.

估资源、评估时间和评估成本的限制也往往难以满足，得出结论的过程自然是不直接、不直观，评估形成的结论也是现实性不强，评估结果不易被评估委托方、管理决策方理解和接受。这些都可能会影响到评估的实用性和结果采纳情况。

四、科技创新政策综合评估理念的确立

（一）评估的基本理论依据

1. 公共政策评估理论

公共政策评估是公共政策分析的主要工具，也是政策过程（循环）的重要环节。其基本理论涉及公共政策评估的理念、标准和方法，以及评估的主体、客体与环境等，这些要素互相联系、互相作用，共同构成一个完整的公共政策评估系统。

随着政策科学的发展，政策评估理论也在不断发展进步，每一次的理论推进，都是对政策评估性质和功能认识的逐步深化，同时也是对既有政策评估理论和方法的革新、充实和完善。在西方政策评估的发展过程中，先后经历“测量”“描述”“判断”“回应性建构主义”四个主要发展阶段（或“四代”评估），[①] 也曾存在“技术分析”“价值判断”两种评估范式之争（即对评估的性质究竟是一种价值判断还是一种技术分析存有分歧，有学者称后者为“技术评估学派”），评估路线正由实证主义向后实证主义演进，强调价值评估与事实评估的融合。国内学界比较主流的观点认为，公共政策评估是对政策的效益、效率以及政策价值进行评判的一种政治行为，评估结果可为决定政策调整、改进和制定出台新政策提供依据，[②] 体现的也是价值和事实评估相结合的评估理念。

确定政策评估理念后，一个重要的方面就是要明确评估标准，它是政

① 古贝，林肯（秦霖等译）. 第四代评估［M］. 北京：中国人民大学出版社，2008.

② 陈振明. 政策科学——公共政策分析导论［M］. 北京：中国人民大学出版社，2003.

策评估的衡量尺度。对于同一评估对象，如果采用的评估标准有所不同，则得出的评估结论则可能会存在差异，甚至是相左。因此，是否合理确定评估标准，将在很大程度上影响政策评估工作的科学性、有效性。关于公共政策评估的标准，已有研究成果颇丰，归纳汇总有影响的部分观点见表2-5。尽管相关学者观点存在一定区别，但对政策的适当性、公平公正性、回应性，政策的效果（绩效）、效率等重要标准都给予了充分的关注，国外在进行公共政策评估时还强调了政策的公开透明度、政策的执行力和执行过程等。

表2-5　　学界对公共政策评估标准的分类

专家学者	评估标准	专家学者	评估标准
萨茨曼（1967）	1. 绩效充分性 2. 投入工作量 3. 绩效 4. 效率 5. 执行过程	威廉·邓恩（1994）	1. 效果 2. 效率 3. 充分 4. 适当 5. 公平 6. 回应
班尼特（1979）	1. 投入 2. 影响 3. 品质 4. 效率 5. 效能	韦唐（1997）	1. 效果 2. 产出 3. 效率
中村、史默伍德（1980）	1. 目标达成程度 2. 效率 3. 选民满意度 4. 标的团体的回应 5. 系统的维持	中国台湾学者林水波、张世贤	1. 投入工作量 2. 绩效 3. 效率 4. 充足性 5. 公平性 6. 适当性 7. 执行力 8. 社会发展指标
格罗弗·斯塔林（1988）	1. 产出 2. 策略 3. 外部性 4. 顺服 5. 方案的介入效果 6. 公平	世界银行专家瑞斯特等	1. 相关性 2. 效果 3. 效率 4. 影响 5. 可持续性

资料来源：笔者在李德国、蔡晶晶（2006）“西方政策评估技术与方法浅析”（发表于《科学学与科学技术管理》2006年第4期）一文相关分类的基础上，作进一步梳理、拓展和补充。

贠杰、杨诚虎（2006）和桑助来（2009）在综合分析政策评估标准的基础上，将其分成两个维度来表达：一个是基于理性客观的事实标准（或技术标准），包括政策的经济标准、效果标准、效率标准和工作过程（执行力）标准；另一个是基于社会政治的价值标准。前者主要包括政策的经济标准、效果标准、效率标准和工作过程（执行力）标准；后者包括政策分配的公平公正标准、社会发展标准、回应性标准和适当性标准等。具体含义见表2－6。

表2－6　公共政策评估的事实标准和价值标准

两个维度的评估标准	内容要点
A. 事实标准	
1. 经济标准	考察政策执行投入和使用的公共资源情况
2. 效果标准	考察政策执行的实际效果及其实现预期目标的充分性
3. 效率标准	衡量产生政策预期效果所需付出努力的程度（投入产出比）
4. 工作过程标准	考察政策执行机构和人员执行政策的实际过程（执行力）
B. 价值标准	
5. 公平公正标准	衡量政策成本和收益在不同集团分配中的公平公正性
6. 社会发展标准	考察政策执行对社会健康发展的推动程度
7. 回应性标准	考察政策满足特定目标群体的需要、偏好和价值观的程度
8. 适当性标准	综合考察权衡上述标准，再次对政策价值、目标和前提假设进行反思，判断政策本身对社会是否适当、合理、必要

为了使政策评估具有可操作性，还应根据被评价政策的特点，将评估标准通过一定形式或规则转化为可观察、可测量的评估指标，并综合利用文献研究法、观察法、调查法、实验法等，获取反映政策过程、效果、效率等方面的信息，进而采用适合的评估方法对政策设计、执行及政策效果进行综合评价。

关于公共政策的评估方式，按照评估主体是否来自行政机构，可分为内部评估和外部评估。为了使评估结论具有说服力，国外进行政策评估时，评估者通常由外部具有公信力的评估机构或专家来承担，政府部门对评估结论不进行修改，但是政府部门对评估结论的意见和其他利益相关方的结论意见同时体现在报告中，同时在政策评估过程中要求做到：一是透明性，即评估的标准、审议过程和评估结果等的公开；二是中立性，即由无利害关系的第三方进行评估；三是持续性，即按一定周期或研究阶段进行评估；四是实效性，即根据评估结果进行资源配置。按照评估的节点不同，可以分为事前评估、过程评估和结果评估。其中，事前评估主要指政策执行前对政策方案的评估，涉及政策制定环节；过程评估主要指政策执行阶段开展的评估，侧重对政策执行情况进行评估；结果评估主要指对政策执行后政策结果的评估，关注的是政策的实施效果。公共政策评估的理论方法和准则为科技创新政策评估提供了基本依据。

2. 创新理论

创新理论是科技创新政策设计和实施的基础理论，科技创新政策是创新理论在实操层面的体现。当代创新理论的起源一般公认是美籍奥地利经济学家熊彼特（J. A. Schumpeter）于 1912 年在《经济发展理论：对于利润、资本、信贷、利息和经济周期的考察》著作中首次提出了创新（Innovation）理论的基本观点，并在后续出版的《经济周期》与《资本主义、社会主义和民主》两部书中，对创新理论的认知、观点进行充实、发展和系统化，形成了自己的创新理论体系。①

熊彼特认为，所谓的创新就是“建立一种新的生产函数，即把一种关于生产要素和生产条件的组合前所未有地运用到生产系统中去”，并将“创新”作为促进经济增长的“内生变量”。在他看来，创新无疑是经济发展的核心要素。关于熊彼特创新理论的研究出现后，创新理论逐步朝着两个方向演进发展，形成了技术创新学派和制度创新学派，并推动创新理论向社会制度研究等维度扩展。许多著名的经济学家如弗里曼（Freeman）、克拉克（Klark）等利用现代统计方法验证熊彼特的观点，进一步发展和丰富了创新理论，并使创新这一概念从经济学领域扩散到了政治、文化、社会、艺术等多个领域之中，创新理论逐步成为一套完整理论体系，用来解释经济和社会进步的动力源泉、演进机制及应用效果。②

随着人们对创新的认识不断深化与拓展，创新概念也在不断扩展。当代

① 李士，徐治立，李成智等著．创新理论导论［M］．安徽：中国科学技术大学出版社，2009.

② 赵中建，王志强．欧洲国家创新政策热点问题研究［M］．北京：华东师范大学出版社，2013.

创新理论的一个重大发现是：创新具有复杂的系统属性，是一种集体互动的结果，需要来自公共和私营企业的众多创新组织者发挥各自的重要作用。20世纪90年代以来，国家创新体系、区域创新体系、第三代创新政策、创新三螺旋和创新集群等围绕创新的系统属性的概念大量涌现，成为创新理论的主流，受到各国和区域科技创新政策制定者的高度重视和广泛应用。

国内学者李士、徐治立、李成智（2009）对创新的基本理论问题进行了深入探讨，对技术创新、国家创新系统等实际层面的运行原理进行了重点研究，系统提出了创新的本质论、系统论、过程论、环境论和价值论，并对创新究竟是什么、创新发生在哪里、创新是怎样实现的、创新如何被促进及创新结果的评价等内容进行了深刻阐述。其中，关于创新价值论，上述学者认为，创新本质上是一种对价值的实践追求，创新实践活动即是一个不断创造价值和实现价值的过程。创新价值启动创新活动，并通过价值反馈过程将人类的需求付诸实践，为创新提供动力；创新动力优化整合创新资源，为创新运行提供驱动。同时，作为一个系统，创新的过程是螺旋向上的，即创新价值的实现并不意味着创新过程的终结，相反随即会产生新的创新需求，并将其反馈成为创新动力，推动新一轮的创新。创新的宗旨并不仅仅是现实功利，还应当包括精神追求和人类生活的其他层面，尤其是要符合人类生存发展的根本价值，而且人类也不能追求绝对的创新，否则就会导致创新的异化，例如大量的物质“创新”产品泛滥成灾、精神创新与创新精神的扭曲、制度创新的异化等。

科技创新政策本质上是政府干预和管理科技创新活动的一种工具和手段，需要遵循创新的基本理论（包括创新的价值论）和科技创新发展的内在规律与特点。政府介入和管理科技创新活动的理论源泉可以追溯到20世纪30年代诞生的凯恩斯主义经济理论，其主要目的则在于通过政府部门的引导激励和规制规范，以解决科技创新领域中的“市场失灵”问题（如基础研究、试验发展、示范推广等各个创新环节都可能面临公共物品、外部性、信息不对称、垄断等市场风险），进而培育国家或地区的核心竞争力。市场失灵是当今科技创新政策分析的理论基础，是研究政府干预科技创新活动的理论原点。20世纪80年代中期发展起来的创新系统理论，则提出了系统失灵的分析范式，认为不单存在市场失灵，创新系统制度、结构等缺陷会导致系统机构之间的知识流动、企业学习、技术创新能力受到阻碍，因此，强调创新研究更应关注考察创新系统中的利益相关者、制度和它们之间的联系纽带。与此相对应，要求科技创新政策不仅要关注市场失灵，也要关注系统失灵；不仅要为企业提供R&D资助（如立项资助、财政补贴），更应该全方位地提供有利于知识获取及创新的机会和环境，如通过支持产学研合作促进创新主体间的知识流动和相互学习等。

进入21世纪，迅猛发展的新科技革命深刻影响着人类社会的每一个角落，传统的生产方式、生活方式和社会结构发生了巨大变化，并在信息伦理（网络时代出现的新型伦理关系）、生命伦理（如克隆技术、基因编辑婴儿引发的伦理冲突）、生态伦理（如"转基因"动植物技术滥用给自然生态带来的"基因污染"）、环境伦理（如对自然资源的掠夺式消耗引发的关于代内公平与代际公平的伦理争论）等方面引发了伦理失范和道德冲突的问题。基于伦理失范的公共科技政策正在从不被人们关注的角落走向舞台中央，成为政府干预科技创新活动的一个重要维度。[①]

在相当长一段时期以来，我国关于科技创新政策的研究，多数停留在科技政策层面上，没有完全跳出"科技"来看创新，"技术主义"倾向较为明显，重技术创新轻制度创新，这无疑是对科技创新政策认识上的一种误区。系统研究创新理论，就是要破除这种误区，充分认识到创新的多层次、多环节及多主体参与的本质，放在复杂性科学的视野下，从更宽的视角来理解创新的内涵和特征，以及动态的、非线性的交互创新模式，进而更准确地认识、把握科技创新政策和科技创新政策评估。

3. 科技价值理论

科技价值理论是科学学理论的组成部分之一。科学学，即关于科学的科学（science of science），是"大科学"时代的产物，起源于对自然科学的社会性研究。英国科学家、科学哲学家贝尔纳（J. D. Bernal）的《科学的社会功能》被公认为是科学学的开山之作。该领域的另一位奠基人美国科学社会学家默顿（Robert K. Merton，1938）认为，科学学的研究既包括对科学的研

① 苏竣．公共科技政策导论［M］．北京：科学出版社，2014.

究，也包括对技术的研究。默顿（2000）甚至提出，科学、技术、社会这个三词组可能已成为急剧发展的科学学的一个主要语义标志。目前，该领域的国内主流专家也多数认为，应当从较为广义的角度理解科学学，科学学研究应包括对技术的研究。其中，钱学森曾明确提出，科学学是把科学技术的研究作为人类社会活动来研究的，研究科学技术的活动规律，及科技与社会发展的关系；陈士俊（2010）在此基础上进一步提出，科学学是以“科学技术的社会形相”为研究对象，研究科学技术的形成、发展、壮大的运动规律以及它同经济、社会相互作用的规律，并探讨如何利用这种规律促进科学技术与经济、社会协调发展的应用原理、原则和方法的科学。

科技价值理论主要研究科学与技术的地位和社会功能。科技价值和科技的社会功能二者关系可以概括为，科技的价值决定了科技的社会功能，科技的社会功能则体现了科技的重要价值。根据马克思主义观点，科学技术的价值观主要包含以下三个方面内容：一是科技是生产力，并具有推动生产力发展的价值；二是科技具有通过生产力这个中介实现生产关系变革的巨大价值；三是科技具有决定上层建筑的价值。马克思主义科技价值观在价值哲学中占有重要的地位。视科学技术为先进生产力核心和主要动力，视科学技术为现代化关键，重视发展统筹和强调以人为本的科技价值观，是当代马克思主义科技价值观的新发展。①

把科学技术作为一种社会现象、从社会的角度对它进行研究，有利于正确认识科学技术的自身结构，它与社会的关系及其运动规律，从而有效制定和实施促进科技创新发展的战略与政策。事实上，我国改革开放以来，从20世纪80年代的科技体制改革，到90年代的科教兴国战略，再到21世纪初的建设创新型国家和党的十八大以来创新驱动发展等国家重大创新战略决策及其相关政策的出台，科技价值理论都曾做出积极贡献。

近十年来，科技（创新）政策科学（science of science policy）已成为国际科技创新政策发展的新趋势，并在美国、日本等国家得到了大力发展。美国著名的科技政策专家苏珊·科岑斯（Susan Cozzens）称科技（创新）政策

① 姜晓秋．论马克思主义科技价值观［J］．社会科学辑刊，2005（4）：32－36.

科学是新的一代科技与创新政策研究（science and innovation policy studies）。美国甚至专门成立了国家科技（创新）政策科学发展的领导机构，制定发展路线图，并设立专项资金支持科技（创新）政策科学的发展；日本设立科技创新政策科学（science for STI policy）计划，推进科技创新政策科学的发展。目前，科技（创新）政策科学在部分国家已逐步走向体制化，主要表现在其自身价值的确定、活动规范，以及专业人员和组织。①

深刻理解和把握科学学理论特别是科技价值论的精髓、核心内容与研究方法论，可以帮助我们更好推动科技（创新）政策科学发展，更加科学、专业、有效地开展科技创新政策评估工作。

（二）价值尺度与事实尺度的有机联结

公共政策是有目的的行动，政策制定的每个参与者都拥有独特的价值体现和政策选择，因此我们可以理解为，价值是政策的灵魂与核心，政策是价值的具体表达。②

同时，公共政策具有政治性、权威性等特征，其本质体现了政府对全社会公共利益所作的权威性分配，③ 政策行为是否正确、有益或公正已成为社会关注的重点，也是业界研究焦点之一，价值分析和判断是政策评估中不可缺失的尺度，以豪斯（E. R House）为代表的学者甚至提出，政策评估首要是价值评估，评估始终贯彻着价值因素。罗尔斯（J. Rawls，1971）对公共政策目标的合理性、正当性进行了讨论，认为政策评估的首要任务是评判政策的公正性，在公正的前提下再去衡量政策效率和效能。鉴于“政治性”是公共政策的主要特征之一，政策评估的本质基本上是一种政治活动，作为公共政策的细分政策，科技创新政策评估同样不能局限于技术层面和事实层面的评估，需要对政策价值层面问题做出分析和判断。OECD 对科技创新政策评估的角色定位和目标进行讨论时提出，评估的作用在于为评判政策干预的恰当性和效力提供有价值信息，评估的结果

---

① 樊春良．科技政策科学的思想与实践［J］社会科学辑刊，2014（11）：1601－1607.

② 梁鹤年（丁进锋译）．政策规划与评估方法［M］．北京：中国人民大学出版社，2009.

③ 戴维·伊斯顿．政治体系：政治学状况研究［M］．北京：商务印书馆，1993.

可为政策的重新定位、公共资金的分配和再配置，以及国家科技创新战略的制定提供依据。[①]

从当前科技创新政策评估的发展趋势看，正由实证主义向后实证主义演进，价值评估和事实评估相互结合应是较为理想的模式。在科技创新政策评估过程中，要坚持价值和事实两个尺度有机联结，并根据政策评估的发展趋势要求，逐步由技术性评估范式转向以技术分析为工具、以价值评估为落脚点的系统性综合评估范式转变。

（三）对政策全过程环节关联的系统评估

从政策过程的系统论观点看，公共政策过程可分为政策“投入”“转换”“产出”三个基本阶段。根据韦唐对政策评估模式的分类（见图 2－4），[②]“综合评估模式”涵盖了这三个阶段，除了关心政策的产出与结果，也关注政策干预的前端计划、决策和政策的执行情况，属于较为全面和完整的评估模式。

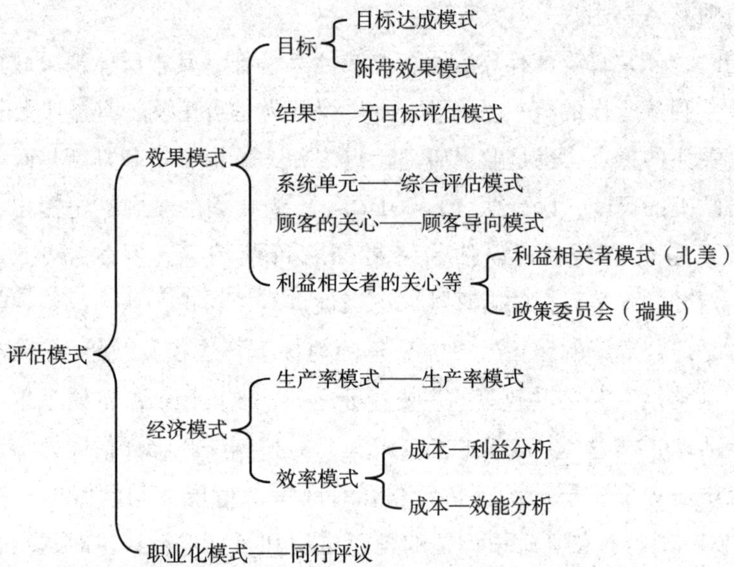

图 2－4　韦唐对政策评估模式的系统分类框架

资料来源：陈振明．政策科学—公共政策分析导论［M］．北京：中国人民大学出版社，2003.

① OECD. Science，Technology and Industry Outlook［M］．OECD publishing，2012.

② Evert Vedung. Public Policy and Program Evaluation［M］．Transaction Publishers，1997.

根据该评估模式，政策“投入”“转换”“产出”三个阶段中均涉及“描述”“判断”两个范畴。其中，“描述”范畴又细分“意图”“观察”；“判断”范畴则细分为“标准”“判断”。按照上述分类，整个政策干预过程被化分成十二个单位（见表2－7）。

表2－7　　综合评估模式框架

一、政策投入阶段	描述： 1. 意图（目标是什么样的，希望得到什么样的效果） 2. 观察（发生在这一阶段的活动的相关数据；对现状的描述）
	判断： 1. 标准（作为比较基础而使用的价值准则） 2. 判断（比较意图、观察和标准的过程）
二、政策转换阶段	描述： 1. 意图（项目如它所计划的那样执行吗） 2. 观察（实际的执行和项目交付）
	判断： 1. 标准（作为比较基础而使用的价值准则） 2. 判断（比较意图、观察和标准的过程）
三、政策产出阶段	描述： 1. 意图（项目所预期的结果） 2. 观察（项目结束后所收集的与实际结果相关的数据）
	判断： 1. 标准（作为比较基础而使用的价值准则） 2. 判断（比较意图、观察和标准的过程）

资料来源：陈振明．政策科学——公共政策分析导论［M］．北京：中国人民大学出版社，2003.

如表2－7所示，综合评估模式将公共政策评估活动划分得细致、全面，每个阶段为评估工作提供了丰富的信息，从描述到判断，根据意图，进行考察，对照标准，做出判断，并且在每个阶段政策价值的实现都被衡量到。因此，这种评估模式是相当完整的，涉及政策的制定（设计）、政策的执行和政策效果等各个环节，覆盖政策的全过程、全生命周期。对中国科技创新政策开展综合评估，可以研究借鉴韦唐“综合评估模式”，采用系统、完整的评估视角。

（四）结合政策国情的综合评估

中国当前的科技创新政策体系是伴随国家历次科技体制改革和重大科技创新战略实施而不断完善而逐步建立的。根据笔者梳理总结，近十余年，中国主要经历了三轮科技创新“政策高峰”。

第一轮政策高峰以2006年为起点，中共中央、国务院隆重召开了全国科学技术大会，颁布了《关于实施科技规划纲要增强自主创新能力的决定》,[①] 国务院出台了《科技规划纲要》《配套政策》和一系列实施细则，以营造有利于自主创新的环境为中心，从财税、金融、政府采购、知识产权、基地与平台、人才、教育和科普等10个方面形成政策的综合配套体系。《配套政策》和实施细则把激励企业成为技术创新主体作为核心目标与重点内容，突出了支持企业技术创新的政策导向，运用了多种政策组合，支持范围包括了研究开发、成果转化和产业化、科技中介服务等科技创新的整个链条。在科技管理领域，从政策形式到内涵上，开始从科学和技术政策（简称“科技政策”），向科学、技术和创新政策（简称“科技创新政策”）方向发展，政策范式出现了转变。

第二轮政策高峰以2012年为分界点，中共中央、国务院隆重召开全国科技创新大会，出台了关于深化科技体制改革的顶层设计文件，旨在着重解决科技和经济“两张皮”问题，促进科技与经济的紧密结合，推动企业成为技术创新的主体,[②] 并确定了5个方面62项重点任务和242政策措施。2013年国务院批准成立国家科技体制改革和创新体系建设领导小组（以下简称“国家科改领导小组”），加强对科技体制改革和创新体系建设工作的组织领导和统筹推进。伴随着科技体制改革的深入推进，从国家到地方政府部门，新出台了系列配套政策措施，同时一些重点科技创新政策得到了修订完善（如企业研发费用加计扣除等财税激励政策），科技创新政策体

① 国家科学技术部．贯彻落实全国科技大会［EB/OL］. http：//www. most. gov. cn/ztzl/qgkjdh/qgkjdhzywj/, 2017－5－4.

② 我国深化科技体制改革 推进科技与经济紧密结合［EB/OL］. http：//www. gov. cn/jrzg/2012－9/24/content_2232171. htm,2016－5－4.

系布局逐步优化。

第三轮政策高峰以2016年为转折点，中共中央、国务院在事隔4年后，再次召开全国科技创新大会，出台了国家创新驱动发展的顶层设计文件，提出到2020年进入创新型国家行列、到2030年跻身创新型国家前列和到2050年建成世界科技强国的“三步走”战略目标。[①] 同年，国务院发布实施《“十三五”国家科技创新规划》，进一步加强对科技创新发展的顶层设计。近两年，围绕贯彻实施创新驱动发展战略，从中央部门到地方各级政府正结合本部门职责或本地区实际，加快制定和密集出台系列配套的科技创新政策文件。

经过政策的演变和发展，目前，新时期中国特色的科技创新政策体系逐渐形成，主要呈现以下三个特点：一是从政策范围看，实现了从“小科技”向“大创新”扩展，政策从主要激励科学进步和技术发展，到更大层面的激励科技进步和创新发展；二是从政策对象看，从早期的侧重科研院所和高等院校，到覆盖企业、高校、科研院所、科技服务机构等所有创新创业相关主体；三是从政策工具看，从早期侧重要素投入，到现在更加强调创新创业环境的营造。[②]

中国科技创新政策评估的研究和实践，需要立足我国国情，结合科技创新政策体系特点、政策内容重点及政策发展趋势等进行综合设计。

① 《国家创新驱动发展战略纲要》印发 提出2050年建成世界科技创新强国［EB/OL］. http：//news.xinhuanet.com/2016－05/19/c_128998833.htm.

② 贺德方．对构建科技创新政策体系的几点思考［J］．智库理论与实践，2016，1（4）：1－4.

第三章

中国科技创新政策价值与事实综合评估分析

公共政策的价值取向问题是政策科学研究的基本问题，制定公共政策实际上就是价值选择的过程。科技创新政策是政府引导、规制科学、技术和创新活动的重要工具，相关政策的制定和实施需要遵循科技创新活动的一般规律、价值目标与内在机理要求。对中国而言，当前科技创新政策还体现了创新驱动发展、科技管理改革的新形势和新要求，以及多元目标融合的时代特征。通过对公共政策价值取向、科技创新政策基本内容和特点，以及中国国情和科情的综合分析，本章凝练提出中国科技创新政策具有政治功能、科技进步、经济效益、社会发展和生态进化等五维价值取向。通过对中国科技创新政策价值的解析，有助于科学、合理设计政策的评估框架和指标体系。

一、中国科技创新政策价值与事实评估失调问题

（一）科技创新政策价值与事实评估的区别与关联

事实评估和价值评估是公共政策评估领域中，基于不同评估理念所产生的两种不同的评估范式，并由此相应产生了“经济学派”和“政治学派”两个研究群体的争论。作为公共政策评估的细分领域，科技创新政策评估同样受到事实评估与价值评估不同指导理念和评估范式的影响。

“经济学派”认为，科技创新政策评估应根植于实证主义，坚持“价值中立”原则，关注事实评估，强调用科学、严谨的方法论来支撑对科技创新政策绩效的客观认识，追求科学与效率。在评估实践中，数学、经济学和运筹学等学科的方法常常被引入科技创新政策评估中，以提高评估结果的科学性。

“政治学派”则认为，政策与政治密不可分，实现公平与正义才是政策评估的本源功能，强调科技创新政策价值评估的重要性，侧重对政策价值的考察，并将价值目标的实现作为政策问题是否被解决的主要检验标准，而非将评估方法的科学性、严密性作为标准。

科技创新政策价值评估与事实评估既存在区别，也存在一定联系。其中，事实是决策所依据的外部客观事实，通常包括能够测量和反映事物（事件）发展状况的一些数量、比率指标，是科技创新政策的现实性基础；价值是政策中规范、伦理成分的表达，通常要回答“某种目的是否值得为之争取，因为什么？为了什么目的？为谁？许诺什么？多大风险？应优先考虑什么？”等问题，是科技创新政策的伦理性基础。可以说，事实评估和价值评估的关系如同真理的“一体两面”，相辅相成，缺一不可。因此，对科技创新政策的评估，既要以客观事实为依据，又不能忽视社会价值问题。

（二）科技创新政策价值与事实评估失调的问题表现

当代政策科学领域，政策评估的经验主义方法构筑在“实证主义”基础之上，实证主义学派主张政策评估要保持“价值中立”和“技术性”，在科学主义强大压力下，对公共政策目标的价值审视似乎变成多余的了，政策价值判断受到排挤乃至罢黜。[①] 科技创新政策评估也深受技术评估理论影响，在过去的评估研究中主要关注于事实层面和技术层面的分析，将研究的重点聚焦于政策效益、效率、效能等方面，对价值

① 刘祺，叶仲霖，陈国渊．公共政策价值评估：缘起、概念及测度——一种批判实证主义的评估程式建构［J］．东南学术，2011（4）：111－119．

层面评估设计欠缺或关注很不够，存在明显的价值与事实评估失调。具体表现在以下几个方面。

1. 科技创新政策评估的“工具理性”与“价值理性”失衡

根据德国著名社会学家马克斯·韦伯（Max Weber，1997）的观点，人类的理性可分为“工具理性”和“价值理性”。“工具理性”关注的是手段对达成目的的可能性，注重技术和实证。“价值理性”则是人类在理性认知的基础上对价值追求的自觉理解和把握，在人的活动中表现为价值主体合规律性与和目的性相统一的行为取向，注重目的与结果。长期以来，在科技创新政策评估中，“工具理性”盛行、“价值理性”沦落，“工具理性”越位、“价值理性”受到排挤，导致了工具理性与价值理性的失衡，与当前从单一理性模式到多元理性模式相融合的政策评估发展潮流格格不入。

2. 价值评估标准和方法严重缺失，评估中重“实然”分析、轻“应然”分析

科学、客观、公正的科技创新政策评估，应是事实分析与价值判断两个层面的协同和统一。其中，“事实分析”是“价值判断”的基础，“价值判断”则是“事实分析”的升华，两者相互逻辑、相互补充。长期以来，在科技评估界缺乏科技创新政策价值评估的标准和规范，在很多科技创新政策评估研究中，往往只注重事实层面的“实然”分析，而忽视价值层面的“应然”分析，存在二者明显失调的情况。

正如本书第二章所述，从已有研究提出的科技创新政策评估框架和指标体系看，主要关注事实标准，对价值标准则没有体现或很少体现。如表2-3基于供给面、需求面和环境面政策维度的评估框架示意中提出的所有具体指标（三级指标）均为定量指标、事实评估类指标，涉及R&D经费额、财政科技拨款额、科技人员数、科技论文数、专利产出、技术合同交易额等数值指标；图2-3基于政策投入和产出的评估框架（两阶段科技创新政策投入产出链式结构模型）聚集政策效果环节，从政策效率（投入产出比）、绩效的角度来对进行科技创新政策进行考察分析，所涉指标均为定量指标和事实评估类指标，包括科技活动人员数，地方科技财政拨款，专利授权量，技术市场成交合同额，引进、改造、消化吸收、购买国内技术经费，新产品销售收入，新产品出口额等，仍然没有体现价值层面指标；图2－2将政策效率、效益和效果作为评估的主要指标。上述从中国知网检索到的49篇与科技创新政策评估相关论文中，将科技创新政策价值及其评估标准和方法作为重要关注点的论文只有2篇，仅占总数的4%。

与上述研究情况相对应，在国内科技创新政策评估实践中，对价值评估的关注度低，对中国科技创新政策价值取向及其评估工具方法的开发和使用也很欠缺。近年来已开展的很多科技创新政策评估实践，背后往往也隐藏着以“价值中立”为核心的思想（有的或基于评估定位考虑，有的或受行政文化等因素影响），对政策“实然”很重视，对政策“应然”关注欠缺，难免会造成评估结果有所偏颇，不够全面、客观、公正。从地方层面组织开展的科技创新政策评估实践看，重在关注政策出台后在当地的实施效果，而普遍对政策制定出台的必要性、相关性、科学合理性，政策的质量和水平几乎没有涉及或者关注不够。以上海市为例，在地方层面探索开展科技创新政策评估工作较早，也积累了一些有益的评估实践案例，涉及对高新技术成果转化政策、高新技术产业化政策、高新技术企业税收优惠政策、企业职工教育经费税前扣除政策、政府采购创新产品政策的评估等。研究发现，在科技创新政策评估实践（主要开展对重点政策的评估）中，通常采取的做法是：分析所评估政策的文本所隐含的政策目标，将政策目标量化，找出数字化和可操作化的评估指标，力争通过合理的设计、搭配和论证，组合出比较规范的评估体系，从而根据评估体系展开实证分析和评估。在具体评估操作中，主要选取政策知晓度、政策便捷性、政策兑现率和政策效应度这几个指标，对政策实施效果进行评估（见图3－1和表3－1）。从其整体评估设计和具体的评估指标看，主要还是关注政策产出与效果，价值评估标准、方法和指标欠缺。

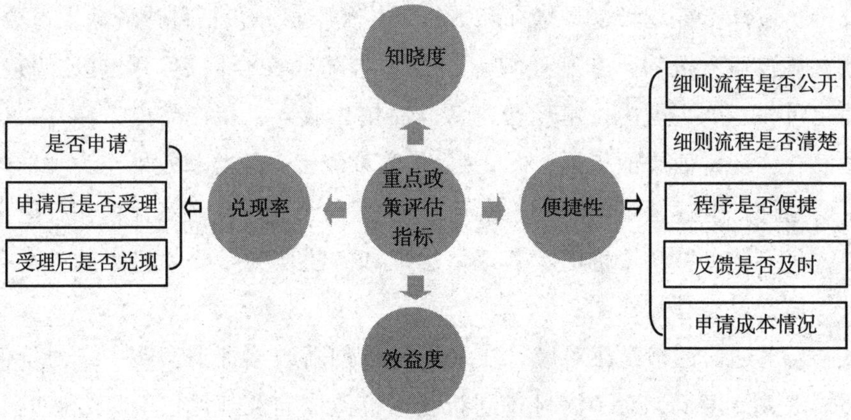

图3－1　上海市科技创新政策评估指标结构

资料来源：2008年上海科技创新政策年度报告［R］. 上海科技创业中心，2009.

表3－1　　　　上海市科技创新政策评估的指标体系

评估指标	指标权重	指标定义
政策知晓度	25	知晓度＝"非常熟悉"的百分比×1＋"熟悉"的百分比×0.67＋"了解"的百分比×0.33
政策便捷性	25	便捷性＝"非常便捷"的百分比×1＋"便捷"的百分比×0.67＋"不够便捷"的百分比×0.33
政策兑现率	25	兑现率＝"申请后受理并全部兑现"的百分比×1＋"申请后被受理但未全部兑现"的百分比×0.67
效益度	25	效益度＝对企业的税收、研发投入或销售、或产业化等具有影响的比例（根据不同的政策而定）
综合实施效果	100	综合实施效果＝（知晓度＋便捷度＋兑现率＋效益度）/4

注：综合实施效果得分在80%以上为"优"，达到60%～70%为"良"，达到40%～59%为"中"，39%以下为差。

资料来源：2008年上海科技创新政策年度报告［R］. 上海科技创业中心，2009.

从一些部门开展的科技创新政策评估实践看，也是聚焦关注政策落实情况和效果，具体包括政策落实进展与成效、存在的问题与困难，以及相关政策建议，对政策价值层面挖掘、分析和判断不足。以2016年有关机构承担和实施的"推动大众创业、万众创新的政策措施落实情况"评估为例，根据该项评估工作方案，评估的主要目的在于了解目前政策落实情况与效果，重点了解政策落实过程中存在的突出问题与困难；针对未能落实或者落实效果有较大差距的方面，深入分析原因，寻找导致问题的关键症结并提出建议。从其评估架构看，评估过程中也是主要关注国家政策的落实情况和效果，并在效果方面分政策领域（如创业扶持、科技成果转化、企业技术创新）遴选一些政策工具和评估指标（主要是定量指标、事实评估类指标）进行评估分析（见表3－2），从而得出评估结论，未见政策价值层面评估标准和方法的研究设计与使用。

表3－2　“推动大众创业、万众创新的政策措施落实情况”评估架构

项目		创业扶持			科技成果转化			企业技术创新		
		创新创业公共平台	创业投资引导机制	创业孵化服务	科技成果转化通道	科技资源开放共享	科研人员创新创业	企业技术创新主体	激励制度	普惠性优惠政策
政策工具		1. 政府购买服务、无偿资助、业务奖励；2. 互联网+创业网络体系	3. 创业投资引导；4. 创业担保贷款	5. 众创空间、企业孵化器、大学科技园、农民工返乡创业园等各类孵化机构；6. 技术转移转化、科技金融、认证认可、检验检测等科技服务	7. 下放科技成果使用、处置和收益权；8. 国家科技成果转化引导基金	9. 科研基础设施等向社会开放；10. 鼓励企业建立专业化、市场化的技术转移平台的进展和成效	11. 高校、科研院所专业技术人员离岗创业；12. 科研人员成果转化收益	13. 引导企业加大技术创新投入；14. 以企业为主导的产学研协同创新	15. 知识产权应用保护；16. 政府采购政策	17. 企业研发费用加计扣除；18. 高新技术企业扶持
主要指标		新增创业企业数量；电商平台创业数量；新产业、新业态典型案例；深圳、上海、武汉、西安等典型案例	财政扶持资金总量；各类创投基金总量；中关村科学园区、上海张江自贸区、深圳前海自贸区典型案例	新增各类孵化机构数量；新增孵化项目数量；大学生、科研人员、农民工创业数量；火炬计划相关指标	高校科技成果技术转移数据；大学科技园统计数据技术市场交易额；股权、期权奖励案例	科研基础设施开发主要数据；典型案例	科研人员的认知和看法；海外高层次人才回国创业案例	企业研发投入增长；新增专利授权数量	新增专利申请量、授权量；知识产权融资数量	扩大税前加计扣除的研发费用范围；加计扣除总额增长；新增高新技术企业数量
调研形式		座谈调研＋专项访谈＋问卷调查								
结论	成效									
	问题									
	建议									

资料来源：推动大众创业、万众创新政策措施落实情况开展第三方评估的工作方案［EB/OL］. http：//www.nais.com.cn/html/cxpg/2015/0715/62.html，2013－9－26.

从国外政策评估的一些实践案例看，也是更多着眼于科技创新政策的实证效果，主要通过定量数据和指标进行评判与比较分析（国际组织开展的评估活动，通常会进行国别比较），理性思辨和价值判断比较欠缺。如已开展多年、影响面较广的全球创新政策指数、欧洲创新记分牌等评价活动。其中，美国信息技术与创新基金会和美国考夫曼基金会于2012年发布的《2012全球创新政策指数报告》，采用结构化的方法对55个国家和地区的创新政策进行了评估。该报告提出了包括贸易与外国直接投资、科学与研发、国内市场竞争、知识产权、数字化与信息通信技术、政府采购和高技术移民等7大核心政策领域（见表3-3）22个细分领域共计84个指标的创新政策评估体系，对全球55个国家的创新政策情况进行了分类评估。根据得分情况，将各国、各地区创新政策能力划分为高级、中高级、中低级和低级四个等级。欧洲创新记分牌旨在对欧盟各国创新绩效进行综合评价与排序，自2001年以来，每年发布年度报告为各国创新政策的制定提供决策参考，其评估指标框架包含3大类指标，即创新推动、企业活动和创新产出，共包括8个创新维度下的25个分项指标（见图3-2）。上述采取定量化、指标化的评价方法，直观明了，也方便进行同类比较，但由于过于偏重定量方法，容易忽略科技创新政策背后的文化、社会、历史等因素，将科技创新政策实施孤立于特殊社会情景之外。

表3-3　全球创新政策指数报告中各核心政策领域的权重设计

核心政策领域	权重（%）
贸易与外国直接投资（trade and foreign direct investment）	17.5
科学、研究与试验发展（science and R&D）	17.5
国内市场竞争（domestic market competition）	15
知识产权（intellectual property rights）	15
数字化与信息通信技术 (digital/information and communications technology)	17.5
政府采购（government procurement）	10.0
高技术移民（high-skill immigration）	7.5

资料来源：Robert D. Atkinson，Stephen J. Ezell and Luke A. Stewart. The Global Innovation Policy Index [R]. The Information Technology and Innovation Foundation and The Kauffman Foundation，2012.

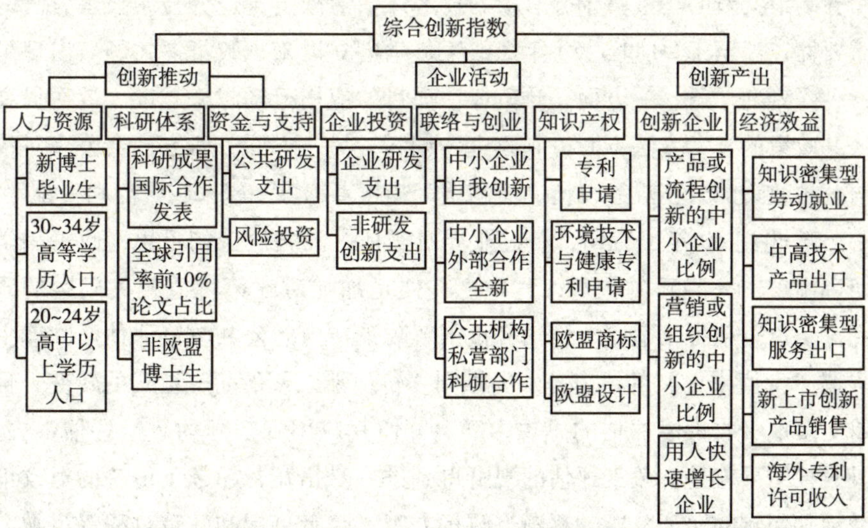

图 3-2　欧盟创新记分牌评价指标框架

资料来源：中国科协创新研究院编译．欧盟及区域创新记分牌 2016［R］．创新研究报告（第 88 期），2016 年 9 月。

综上，以技术性评估为主的“实证主义”评估，从事实的角度出发，运用数理方法和模型，可以对政策效果进行相对客观和精确的测量，但并不能深入到政策执行、影响的内在本质，对于复杂而难以量化的政策议题，如决策的民主化程度、政策的科学合理性、政策的公平公正性，以及涉及利益相关方的政策回应性等，却难以给予解释。而这些议题，正是价值评估层面可以解决的问题。

（三）科技创新政策价值与事实评估失调的后果

随着政策评估研究和实践发展，基于“事实—价值”两分法的“理性化的评估模式”，导致了“价值理性”的缺位，“工具理性”的越位导致人的价值和内在责任感的缺失，受到了猛烈的抨击和批评。威廉·邓恩（Dunn，1994）在其《公共政策分析导论》一书中指出，如果评估者将自以为是的“价值中立”标准等同于社会公认的价值观并应用于政策评估，即使评估广泛使用了数量化的评估方法，评估仍然是一种“伪评估”，其引导政策实践的功效将十分有限。技术评估学派由于过分强调技术方法的重要性，以至于20世纪50年代政策科学创立以来，政策评估领域出现了一种深刻的矛盾：一方面，政策评估项目的应用范围越来越广，旨在提高公共政策的技术方法不断得到改进和创新；另一方面，西方社会公众对政府公共政策的公正性和价值品质的质疑却越来越多，越来越广泛和尖锐。①

20世纪80年代后期，经过业界对实证主义方法论的反思，政策科学研究出现了一些新的趋势，其中之一便是加强对政策价值相关问题的研究。与这个趋势相适应，包括科技创新政策在内的公共政策评估面临着由强调“价值中立”的研究范式向强调“价值涉入”的研究范式的转变，且将更多地吸收价值评估的思想内涵，并使其应用到实际的政策评估中去。其直接结果就是，政策评估的视野得到进一步拓宽，超越了传统的对政策效果和影响的实证分析，逐渐将政策方案、政策目标和政策过程等也纳入评估的范畴，并且将价值评估作为重要考察方面，纳入统一的评估体系中。当然，其发展演变还需要一个长期过程，也需要评估理论界与实务界进一步达成共识和协同推进。

二、科技创新的价值与中国科技创新政策评估价值理念的确立

（一）科技创新及其政策评估的三层价值考量

科技创新政策评估的价值考量涉及科技创新（活动）价值属性、科技创新政策价值取向、科技创新政策评估价值尺度这三个层次，需要分别进行一定探讨。

1. 关于科技创新价值的探讨

人类的任何社会化活动都具有一定的价值目的，科技创新亦是如此。

① 刘祺，叶仲霖，陈国渊．公共政策价值评估：缘起、概念及测度——一种批判实证主义的评估程式建构［J］．东南学术，2011（4）：111－119.

科技创新实践中体现着创新主体对价值的追求，也是创新主体对自己的创新行为所秉持的价值标准和态度，其存在于创新活动之前并伴随创新活动全过程。也有学者认为，科技创新的价值可以理解为创新主体通过创新实践活动，使创新客体由“实然”变成“应然”形态，从而达到满足创新主体或其他主体在某些方面的某种需要的效应关系。① 从科技创新活动的直接目的而言，是为了解决当下科技与社会经济发展中的各种具体问题，从远期目的而言则是为了人类的全面发展和社会的全面进步，所以科技创新的价值导向既要定位在当代，又不能忽视未来，应当把当代和未来的价值需求有机地结合起来，坚持可持续发展的创新价值追求。② 现代社会需求的多样性、科技创新的复杂性，以及创新主体和创新活动的日益多元化，决定了科技创新价值的丰富内涵，并非由单一价值构成，而是由多种价值共存进而形成一个价值体系。概括总结起来，科技创新的价值主要包括以下几个方面。

（1）政治价值。科技创新对政治的影响是多方面的、深刻的，具有突出的政治价值，主要体现在国家的政治活动中，体现在科学家、政治家、社会学家与政治的互动关系上。具体表现为：科学具有观念与精神创造的功能，可以促进政治意识形态的革新；而技术和创新则可以转化成战斗力，增强军事实力，提升政治影响力，巩固政治权力和地位。16 世纪以来，全球范围内发生了多次科学技术革命，每一次都深深影响了世界力量的格局。其中，计算机技术、光纤通信、卫星等结合引起的信息技术革命，给各国内政、外交、军事上的主权及其控制实施力等，都提出了挑战。从某种意义而言，科技创新实力影响着一国政治权利的拓展与实施，决定着世界政治经济力量对比的变化，也关乎各国各民族的前途命运。在当今世界，凡是科技创新实力强的国家，往往是国家统治权力强和国际政治地位高的国家。

需要指出的是，科技创新与政治在一定条件下，如二者之间的价值的张力过度情况下，也存在价值背离或冲突的地方。美国氢弹研制过程中政

---

① 章熙春，赵庆年．把握高校科技创新的价值取向［J］．中国高等教育，2017（6）：43－45.

② 李士，徐治立，李成智等著．创新理论导论［M］．安徽：中国科学技术大学出版社，2009.

治与科技创新的冲突便是典例。当时，美国统治集团为了维护自身的政治利益和经济利益，为了在与苏联的竞争中处于有利地位，把科技纳入反科学精神的军事竞赛的轨道。科学家从原子弹“灾害”中觉醒，道德价值观念及政治责任感空前增强，原子弹之父奥本海默等一批科学家坚决反对氢弹。这样，在当时的社会政治氛围中，政治集团的价值取向和科学共同体的价值取向相背离，二者的冲突由此发生了。①

（2）文化价值。创新既是一项社会活动，也是一种特殊的文化。由于“创新”旨在创造新思想、新事物，在中外历史上的绝大部分时期，往往被社会主流意识形态视为“异端”，受到广泛排斥。但在20世纪中后期特别是进入21世纪以来，随着新科技革命的迅猛发展，以及对经济社会发展的巨大推动作用，“创新”的形象发生了巨大反转，它被视为现代社会的象征和解决所有问题的“万能钥匙”，并实现了从“异端”向“典范”的角色转变。

近年来，在国际竞争态势加剧背景下，世界主要国家纷纷强化创新战略部署，强占发展先机。例如，美国于2015年发布实施新版《创新战略》，从国家发展战略和发展路径上强化创新；德国推出《新的高技术战略——创新为德国》和“工业4.0”计划，旨在把德国建设为世界领先的创新国家；欧盟启动实施“地平线2020”（Horizon 2020）计划，拟通过新的研究与创新框架计划助推欧盟2020发展战略实施；日本出台《科学技术创新综合战略》，目标直指“科技创新立国”等。随着全球发展战略转型升级，以及各国政府对创新驱动发展的高度重视，科技创新作为全面创新的“火车头”“牛鼻子”，更是受到广泛关注和推崇，在中国甚至提出将“依靠科技创新转换发展动力”当作适应和引领经济发展“新常态”的关键。可以确信，当代人类文化意识领域正在悄然发生一场深刻的变革，即将科技创新视为一种社会文化的基本价值，科技创新由此被诠释为人的生活和命运改变、社会历史发展与进步的重要驱动力量。

科技创新的文化价值体现还在科技文化系统中，包含科学思想的传播、科学文化的养成，以及科学与艺术的融合等。文化价值作为科技创新

① 徐治立．科技政治空间的张力［M］．北京：中国社会科学出版社，2006：41．

的内部价值，是科技创新活动在更高层次的一种反映，也使科技创新更加具有人文精神，更加具有人文关怀，更加具有人性化。

（3）经济价值。在创新理论的提出者熊彼特（J. A. Schumpeter）看来，“创新”是促进经济增长的“内生变量”，是经济发展的动力和源泉。20 世纪 50 年代以后，随着科技在经济增长中的作用日益突出，人们开始重新认识创新尤其是技术创新在经济增长和社会发展中的巨大作用，熊彼特创新理论走入了经济学的主流。技术创新学派的代表人之一、美国经济学家索罗进一步发展创新理论研究，他在《对经济增长的贡献》[①] 和《技术进步与总生产函数》[②] 这两篇具有代表性的研究论文中，通过测算发现，只有存在技术进步，经济才可能持续地增长。他还首次提出实现技术创新的两个条件——新思想的来源和随后阶段的实现发展，这又被称为“两步论”。

20 世纪 70 年代初至 80 年代中叶，随着技术进步在经济增长中贡献度的日益提高，技术创新的规律及其对经济增长的影响问题日益引起各国经济学界的关注，技术创新理论进入了繁荣时期。在这一时期，英国经济学家弗里曼（C. Freeman，2006）建立了第一个系统的创新经济学理论体系，并认为技术创新就是新产品、新过程、新系统与新服务的首次商业性转化。从上述创新理论的发展和演变可以看出，学界对科学、技术和创新在经济发展中的重要作用给予了高度关注与重视。

从世界经济发展的历史和实践上看，科技创新对一国经济发展的影响也是十分深远的。一方面，历史经验表明，全球性经济危机往往催生重大科技创新突破和科技革命，重大科技成果往往推动世界经济走向复苏与繁荣。另一方面，科技创新也是一国经济行稳致远，实现中高速增长、迈向中高端水平的重要驱动力。第二次世界大战后，只有少数经济体从低收入水平成功迈进高收入水平，实现现代化，而一些国家未能依靠科技创新打造竞争新优势，无法提升自身在全球价值链中的位势，长期处于“中等收入陷阱”。万钢（2016）曾分析提出，拉美地区 33 个经济体中，人均收入

---

① Solow，R. A Contribution to the Theory of Economic Growth [J]. Quarterly Journal of Economic，1956 (2)：65－94.

② Solow，R. Technical Change and aggregate production function [J]. Review of Economics and Statistics，1957 (8)：312－320.

处于4000～12000美元的国家就有28个，这些国家长期在高收入国家行列外已徘徊40多年，经济增长主要依靠资本积累和要素投入，科技创新对经济增长的贡献不高，产业长期被锁定在全球价值链的中低端（见表3－4）。

表3－4　　　陷入“中等收入陷阱”典型国家的人均国民总收入徘徊情况

单位：美元

地区	说明	国家	初次迈入中等收入行列	经济徘徊，无法进入高收入国家行列		
			人均GNP	人均GNI		
				1990年	2000年	2009年
拉美地区	几乎整个拉美国家都深受“中等收入陷阱”的困扰	墨西哥	1255（1974年）	2670	5110	8920
		哥伦比亚	1144（1975年）	2540	3870	8040
		阿根廷	1145（1962年）	3020	7460	7570
东南亚地区	亚洲“四小虎”	马来西亚	1800（1980年）	2390	3450	7230
		印度尼西亚	980（1995年）	630	580	2230
		泰国	1190（1988年）	1490	1960	3760
		菲律宾	690（1980年）	730	1030	1790

注：拉美各国初次迈入中等收入行列的数据为人均GDP。

资料来源：李尚勇．贫富悬殊的国家必然陷入中等收入陷阱［EB/OL］．http://people.chinareform.org.cn/L/lishangyong/Article/201204/t20120410_138908.htm，2012－4－10；根据《国际统计年鉴》（1997年、2011年）、《收入分配与“中等收入陷阱”辨析》整理。

目前，中国的GDP已跃居世界第二位，2017年突破80万亿元，达到82.71万亿元，比上年增长6.9%，未来几年是全面建成小康社会的决定性阶段。作为后发大国，在经济发展新常态下，在转型升级的关键阶段，结构转型能否成功实现，产业升级能否顺利推进，综合国力能否持续提升，能否成功跨越“中等收入陷阱”，实现创新富民的目标，关键要看能否充分发挥科技第一生产力和创新第一动力的作用。

（4）社会价值。按照技术建构论的观点，科技创新的发展并不是自主的（即科技自身的内在逻辑决定），而是由社会因素决定的，任何科技创新都负载着一定的社会价值观。另外，社会也在被科技创新建构着。[①] 在学者米沙（Thomas J. Misa）看来，技术既是被社会塑造起来的，也是塑造社会的。技术史学家托马斯·休斯（Thomas Hughes，1983）指出，那些建造电灯和电力系统的人们，不仅发明、开发了发电机和输电线，而且也发明和开发了诸如电力生产与公用事业控股公司之类的组织形式。贺善侃（2010）认为，科技创新是人类认识和实践的活动之一，其社会价值应包含内在价值和外在价值，前者体现为人类在科技活动中的认知价值，后者体现为科技的应用价值。李士、徐治立、李成智（2009）从权力和权利的视角来理解创新的社会价值，强调创新应以社会的公平与效率的统一为价值导向，通过创新手段实现社会资源的有效、公正的分配，保障每个社会主体基本权益的实现。郑方方（2014）提出，科技创新不仅是科学、技术与经济相结合的过程，也是其与自然和社会相互整合的协调发展过程，实施创新驱动发展战略必须首先处理好科技创新的认知价值与应用价值之间的关系，从单一地面向经济转变为面向经济、社会、伦理和文化等协调发展。

通过上述研究分析，科技创新的社会价值显而易见，既有内在的，也有外在的；既涉及社会的统治和管理者在社会生活中的权力巩固和合法性，也涉及社会主体的基本权利的实现。正确认识和处理好其认知价值与应用价值之间的关系，并充分发挥其综合价值，对贯彻落实协调、开放、共享的创新理念，实现国家社会、经济的可持续发展具有十分重要的意义。

（5）生态价值。当代西方发展理论先后经历了单纯经济增长发展观、以人为中心的整体发展观和可持续发展价值观三个阶段。[②] 单纯经济增长发展观由于忽视了社会体制、政治制度、文化等因素，造成了发展的困境；以人为中心的整体发展观忽视了社会与自然环境的协调发展，造成了

① 潘双华．基于两型社会的科技创新价值取向研究［D］．长沙：长沙理工大学，2010.

② 傅晓华．从可持续发展价值观透析科技创新生态化［J］．科学管理研究，2006（3）：41－44.

严重的生态问题；可持续发展价值观则代表了当前人类对发展问题的最深入思考，属于与时俱进的生态观，突出人类与自然、前人发展和后人发展之间的融通协调，成为当今世界经济与社会发展的重要原则。

在过去相当长的一段时期，一种财富至上的理念曾支配着人类创新的价值观，片面强调了创新对促进经济发展的作用，却忽视了资源生态系统的承受能力，导致我们如今我们面临着严峻的资源环境压力。近年来，科技创新活动的负外部性与其潜在风险（包括环境污染、生态破坏等，如日本福岛核泄漏事件）也引发了国内外专家学者及政策制定者对"负责任创新"这一新兴理念与创新范式的广泛讨论。伴随着科技发展，以及系列全球性问题日益严重地威胁着人类生存，科技创新的生态价值日益凸显，是否有利于资源环境的永续发展，已成为关系创新成败的决定性因素。①

需要指出的是，一方面，过分追求功利价值而滥用科技创新，会严重破坏资源生态环境，造成难以弥补的严重后果；另一方面，科技创新对自然环境的恢复也具有重要的积极价值，人类通过研究环境科学，发展高效的能源科技（如核能、太阳能、新能源汽车电池技术等），发展环境污染治理技术，以及采用更加高效、节能的生产管理制度和鼓励政策（如政府对消费者购买新能源汽车采取的财政补贴、"不限号"政策）等各种手段，可以促进资源环境的可持续发展和人与自然生态的和谐。因此，需要全面认识和正确处理好科技创新与环境发展、生态保护之间的关系。

总体上看，在当前加强生态文明建设和强调"绿色"发展理念背景下，科技创新生态化是人类可持续发展的必然选择，资源节约型和环境友好型创新应是未来全球科技创新发展的重要方向之一。

2. 关于科技创新政策价值的探讨

当前，科学技术发展与公共利益之间的关系日趋复杂，科技资源既是财富资源又是公共品，是提升产业的主要支撑，是综合国力竞争的关键，是经济社会发展的前提，在科技发展进程中涉及价值理性与社会选择、科

---

① 李士，徐治立，李成智等．创新理论导论［M］．安徽：中国科学技术大学出版社，2009.

学理性与人类精神的关系（如是以伦理来约束和控制科学发展及政策制定并设定某种道德底线，还是遵从科学的发展规律并相信其自然会更新伦理规范；基础研究与高技术政策中的学术本位与国家目标的关系；政策中长期效益与近期目标的关系；“有所为”与“有所不为等），也存在着一系列问题，迫切需要公共政策给予支持和调节，用政策来引导和规制科技（创新）与经济社会协调发展。①

科技创新政策的价值是指政策对于科技创新（活动）价值的定位与导向。科技创新价值是科技创新政策价值的基础与先导，科技创新政策价值是科技创新价值在政策领域的体现和反映。前面对科技创新的政治价值、文化价值、经济价值、社会价值和生态价值，包括正负面价值（也可称为科技创新的“双刃性”）进行了较为充分的探讨，以从理性层面厘清科技创新的价值导向，提高对科技创新“内核”的认知，并有助于对科技创新政策的价值理念和目标等进行准确定位。

科技创新政策作为对科学、技术和创新资源要素进行分配调整的一种制度安排，具有明确的价值目标和导向，并通过财政投入、税收优惠、金融支持、政府采购、人才激励、知识产权保护、技术标准、教育与科普等多种政策工具或政策组合（policy mix）实现其管理、引导、激励和规则功能，包括对科技创新正面价值的弘扬和对其负面价值的抑制。张康之（2001）认为，任何决策都是以突出价值因素为特征的，管理活动愈是在宏观范围内展开，其价值特征也就愈益突出。科技创新政策特别是国家出台的科技创新政策，属于宏观科技管理的重要载体和干预工具，其价值考量和价值旨归的重要性不言而喻。自 2008 年金融危机以来，尽管世界各国先后不同程度上受到经济增长放缓、财政赤字增加、政策工具边际效益递减的影响，但总体来看，主要国家不仅未压缩科技创新投入，更是将新科技革命前沿创新看作摆脱金融危机、重振经济发展的核心动力，从各个方面调整和强化新科技革命背景下重点领域的政策措施和创新体系建设，推动实现经济社会的健康、可持续发展。②

① 刘大椿．科学技术发展与公共政策研究［J］．中国人民大学学报，2011（6）：1.

② 徐治立，霍宇同．新科技革命背景下国外创新政策发展趋势探析［J］．北京航空航天大学学报（社会科学版），2018.

同时，科技创新政策在不同发展阶段和时期对相关价值的关注和侧重也不一。综观新中国科技（创新）政策发展演变过程，根据战略目标、指导方针、重点任务及政策布局特点，大体经历了国防建设战略、经济建设战略、科教兴国战略和创新驱动发展战略四个阶段，从政策议程、价值取向、动力机制、政策工具选择等不同角度考察，总体呈现出从供给主导向需求引导、行政指令向市场调节、跟踪模仿向自主创新转变等特征。① 在当前中国实施创新驱动发展战略、全面建设小康社会的背景下，以及全社会对建设生态文明、推进“五位一体”的关注，更加强调科技创新的经济价值、社会价值和生态价值。

3. 关于科技创新政策评估价值的探讨

如绪论中所述，科技创新政策评估是科技评估和公共政策评估的细分领域，是通过一定的评估标准、规范、方法和流程，对科技创新政策的内在价值、政策执行过程和政策实施绩效进行的专业化评判活动。科技创新政策评估的主要目标：对政策的目标（含价值目标）和内容进行深入解析，并系统掌握政策的执行进展和效果，总结经验、发现问题，进而提出深度的诊断分析与评估意见，为国家和地方层面的科技创新政策管理部门乃至更高层面的决策机构推动政策落实、优化配置创新资源、改进和完善政策，以及制定出台新政策等提供决策参考和依据。在科技创新政策制定阶段开展的预评估（政策出台前的评估），可对不同政策方案（文本）的优劣、政策的适当性、可行性等做出系统分析和判断，作为科技决策管理部门的重要参考。

进一步而言，科技创新政策评估还具有启蒙和学习功能。卡罗·威斯（Cairol Weiss，1999）认为，政策评估具有启蒙功能（enlightenment function），在对决策的反思过程中提供了信息。OECD 在《科学技术与工业展望 2012》报告中指出，通过评估可以为科技创新政策干预的恰当性（appropriateness）和有效性（effectiveness）提供证据信息，这些信息可以用来审视政策实践和政策实施绩效，带来启发（enlighten），并促进相关主

① 金世斌．新中国科技政策的演进路径与趋势展望［J］．中国科技论坛，2015（10）：5－9.

体（actors）之间的讨论。也有研究认为，政策评估的好处不仅是它所产生的直接结果，还包括伴随着它的政策学习（learning）过程。在彼得·霍尔（Peter Hall，1993）看来，这种学习是一种根据过去政策的结果和新的信息，调整政策的目标和技术的刻意尝试，以更好地实现政府的最终目标。豪立特和拉米什（2006）则将“政策学习”的产生划分为内生的学习和外生的学习两类。前者是“教训吸取”式的，它发生于正式的政策过程内部，并影响政策制定者在实现目标的努力中对使用何种方法和技术所做出选择；后者是“社会学习”式的，源自政策过程外部，并影响政策制定者对政策目标进行重新认识和调整。这种外生的政策学习呼应了休·赫克罗（Hugh Heclo）对政策学习的看法，他认为学习就是政府在过去经验的基础上对于新形势的反应。[①] OECD 的《科学技术与工业展望 2012》报告中也关注了科技创新政策评估的学习功能，并根据评估的目的和定位，对一些国家开展的科技创新政策评估活动按照以问责为主要目的（primary purpose of accountability）、以学习为主要目的（primary purpose of learning）、结果导向（impact - oriented）、过程导向（process - oriented）四个维度进行了分类，并描述了总结性评估（summative evaluation）和形成性评估（formative evaluation）的区别，即前者旨在衡量政策方案（policy programme）对其拟解决问题可能产生的影响，后者旨在监测政策方案的管理方式以改善政策的实施过程。

总体而言，开展科技创新政策评估对于改进和完善科技创新政策的决策及过程管理系统，形成科技创新政策闭环管理，促进科技创新政策治理的现代化，增强科技创新政策的活力和生命力，提升科技创新政策的质量与水平等方面具有重要意义和作用。通过评估，科技管理者在发展变化的创新环境中可增进对科技创新政策问题及解决方案的认识，继而可以调整和完善其政策目标，以及政策管理的机制、方式和工具，更好地解决科技、经济和社会发展等方面的政策问题。

上述分析可见，科技创新政策评估具有突出的评估价值功能，同时具有鲜明的评估价值向度。科技创新政策的评估价值向度既涉及对科技创新

① 于立生．公共政策评估理论研究及其困境分析［J］．社会探索，2011（5）：96－100.

领域的科技创新（活动）价值及科技创新政策价值取向的评价，又包含对一般公共政策领域的政策评估的适当性、公平性等价值尺度。在具体评估实践中，它具有引导激励、监督约束、改进纠偏等评估导向。例如，引导科技创新政策朝哪个方向加强、发展或改进完善；引导科技创新政策执行部门如何提升政策的执行力和管理效率；引导企业、高校、科研院所及相关科研人员等政策受众密切关注科技创新政策发展方向和动态并与自身科研和创新工作紧密对接，及时申请享受相关政策优惠，用好、用足各项政策等。鉴于此，在开展科技创新政策评估过程中，需要对科技创新政策的目标（包括其价值目标）和内容设计、政策执行情况与效果进行系统全面的跟踪分析，并根据既定评估标准、方法和价值尺度，凝练形成评估的价值判断与评估结论。其中，科技创新（活动）及科技创新政策的价值理应成为科技创新政策评估的重要关注内容或重点评估议题，也应成为科技创新政策评估中所要重要回答的核心方面。

综上，科技创新（活动）价值、科技创新政策价值、科技创新政策评估价值三者之间存在着紧密的内在关联。

（二）中国科技创新政策"五维"价值及其综合评估理念

结合对科技创新及其政策评估三层价值的探讨，以及中国科技创新现状、创新驱动发展新形势和相关政策发展实践，笔者凝练提出了中国科技创新政策具有政治功能、科技进步、经济效益、社会发展和生态进化等五维价值取向。这也是中国科技创新政策综合评估中所需关注的价值层面的主要内容。

1. 政治功能

政治性是公共政策的基本特征之一。美国政治学家戴维·伊斯顿（David Easton，1953）认为，公共政策是政治系统权威性决定的输出。国内学者认为，公共政策是一种政治行为，是政府意志的体现，公共政策所要实现的目标，必然是符合政党和政府所要代表的特定阶级、阶层的利益与要求，同时，它具有公共性，要求政策制定者与执行者之间具有行为的一致性。在现代政治体系中，公共政策一般不会随意形成，制定政策是为了实现特定的目标或产生特定的结果。公共政策还是鼓励公民良性期望行为的刺激源，是推动社会进步与变革的重要杠杆，是振兴国家、民族自强的催化剂。[①] 可见，公共政策具有显著的政治价值特征和导向作用，笔者称之为“政治功能”。

科技创新政策作为公共政策在科技创新活动领域的具体体现，同样具有突出的政治功能，这是由其本质和属性所决定的。当今世界，科学、技术和创新对国家发展的重要性日益凸显，科技作为第一生产力，是经济社会发展和人类文明进步的根本动力，近代以来，每一次全球性的重大经济社会变革都与科技革命密切相关，而创新型经济的发展、创新型省市乃至创新型国家的建设更多也是依靠科技的进步。由于科学、技术、创新具有战略重要性，需要政府从政策层面给予大力支持。国家的科技创新政策取向不仅决定着科技本身及其与经济发展的结合，而且决定了国家的持续竞争力。对中国而言，鉴于所处科技发展阶段特点和需求，其科技创新政策的“政治功能”还体现了一定的时代特征，具体体现为在中国实施创新驱动发展战略、建设创新型国家背景下，政府鼓励和支持科技创新、倡导创新驱动发展的行政价值取向和政策导向；也包含政策的“软性价值”，如一些不具有实操性政策的象征性、指导性意义。[②]

2. 科技进步

科技创新政策是以科学技术和创新活动为政策客体的公共政策，促进科技进步与创新是科技创新政策的基础性价值。正确的科技创新政策能够使科学技术得到加速发展，缩短“科学—技术—生产”的周期，从而加速科学技术的进步和创新发展。从政策上为推进科学、技术与创新的发展提供支持，成为各国政府特别是发达国家和一些新兴国家最近60多年来的一个常见做法。

经过改革开放40年的快速发展，中国已进入依靠科技创新推动经济社

① 张金马．公共政策：学科定位和概念分析［J］．北京行政学院学报，2000（1）：7.

② 王再进，徐治立，田德录．中国科技创新政策价值取向与评估框架［J］．中国科技论坛，2017（3）：27－32.

会发展的新阶段，实施创新驱动发展战略，提高自主创新能力，建设创新型国家成为中国融入世界、中国在立足国情基础上面向未来的战略选择。党的十七大把增强自主创新能力、建设创新型国家，作为国家发展战略和提高综合国力的关键。《科技规划纲要》中明确提出，按照有利于促进科技创新、增强自主创新能力的目标，形成国家科技政策与经济政策协调互动的政策体系。党的十八大做出了实施创新驱动发展战略的重大部署，强调科技创新是提高社会生产力和综合国力的战略支撑，必须摆在国家发展全局的核心位置。[①] 党的十九大报告进一步提出，创新是引领发展的第一动力，是建设现代化经济体系的战略支撑，要坚定实施创新驱动发展战略。这实质上体现了中国科技创新战略和政策在促进科技进步与创新方面的基本价值取向，核心目标是通过技术、知识、设备、人才等创新资源、要素整合和优化提升，整体提高科技创新能力，特别是自主创新能力，为实施创新驱动发展战略、建设创新型国家，以及到2030年成为世界科技强国的目标提供有力的科技供给和创新支撑。

3. 经济效益

根据熊彼特对创新的理解和定义，创新就是建立新生产函数，实现生产要素新组合；创新是一种经济活动，是发明的第一次商业化应用。OECD于2000年在《学习型经济中的城市与区域发展》报告中指出，创新的含义比发明创造更为深刻，它必须考虑在经济上的应用，实现其潜在的经济价值。只有当发明领域创造引入经济领域，它才成为创新。2004年，美国国家竞争力委员会向美国政府提交的“创新美国”（Innovate America）计划中提出，创新是把感悟和技术转化为能够创造新的市值、驱动经济增长和提高生活标准的新的产品、新的过程与方法和新的服务。[②]

基于上述认识，国内一些学者提出，科技创新政策应是科学、技术、创新与经济发展之间关系变化和相互作用的一个反映，[③] 而创新则是体现

① 中共中央文献研究室．习近平关于科技创新论述摘编［G］．北京：中央文献出版社，2016.

② 李士，徐治立，李成智等．创新理论导论［M］．安徽：中国科学技术大学出版社，2009.

③ 樊春良．全球化时代的科技政策［M］．北京：北京理工大学出版社，2005.

经济绩效的核心要素；[①] 从本质上说，科技创新政策的主要目的之一是促进现代科技成果转化为商品生产和服务，这种转化是经济增长的关键。[②]

可见，对中国而言，科技创新政策同样具有突出的经济价值取向，并且在当前中国经济发展进入新常态、经济从高速增长阶段向高质量发展阶段转换、从中央到地方大力推进创新驱动发展和供给侧结构性改革、着力建设现代经济体系的背景下，更需要发挥创新是发展的第一动力作用，以及科技创新政策的经济促进功能。综合来看，科技创新政策的经济价值主要体现为其对促进产学研用相结合、推动科技创新成果转移转化和向经济领域应用与扩散的实际效用，强调的是经济效益，目前其越来越受到科技界和产业界等相关方面的高度关注。

4. 社会发展

随着时代发展与科技进步，科学、技术和创新在向经济活动逐渐渗透的同时，也广泛和深入地影响到人类社会生活的方方面面，提高社会发展水平、改善人民生活、增强人民健康素质等，都对科技创新提出了更高的要求。科技创新政策的外延也从单独强调利用科技实现一般政治目标、经济目标扩大到社会目标。从国际上看，近年来，十分强调在科技创新政策中融入社会目标，2014 年联合国贸易和发展会议提出："需要考虑到生活贫困者的特点、他们的生活状况以及他们改善生活之所需"，[③] 强调创新政策的包容性，以及政策的制定、实施要有助于实现更为公平和包容的发展。

在当前中国"大众创业、万众创新"的时代背景下，科技创新政策还肩负着传播科技创新（活动）的文化价值（科学思想、科学认知、人文精神、人文关怀等），普及科学技术知识，提高公众科学素养，激发企业、高校、科研院所等各类创新主体和广大科研人员的创新创业活力，促进在全社会形成一种崇尚创新的文化氛围等重要功能。

---

① 赵中建，王志强．欧洲国家创新政策热点问题研究［M］．北京：华东师范大学出版社，2013.

② 陈劲．科学、技术与创新政策［M］．北京：科学出版社，2013.

③ 联合国贸易与发展会议．促进发展的创新政策工具［R］．2014.

概括起来，中国科技创新政策的社会价值主要指科技创新政策对提高全社会创新意识、培育创新文化和精神、建设良好创新生态，以及促进大众创业、万众创新的社会效应，并强调创新成果的社会共享。

5. 生态进化

随着现代化进程的加快推进，人类发展从原始文明逐步向生态文明过渡。传统工业文明追求与自然资源供给能力、生态环境承载能力的矛盾日益尖锐，迫切需要创新发展模式，亟待科技的重大创新突破，支撑生态文明建设。2015 年 9 月，联合国发展峰会通过了《2030 年可持续发展议程》，从经济、社会和环境三个层面提出了 17 项可持续发展目标，强调技术开发、创新和绿色发展，推动实现经济、社会与环境的三位一体发展。[①] 2016 年，召开了第二届联合国环境大会，以“落实《2030 年可持续发展议程》中的环境目标”为主题，聚焦当今世界环境和可持续发展面临的挑战，从解毒、脱碳、资源高效利用和改变生活方式、增强生态系统的恢复力和保护地球的自然生态系统等方面提出综合解决方案，推动全球绿色发展。新时期，中国已提出“五位一体”布局、生态文明制度体系和不唯 GDP 论英雄的生态文明建设方针，生态文明建设实践呼唤科技创新战略部署和实施。[②]

生态进化是科技创新政策的更高层次价值目标。科技创新政策作为中国创新驱动战略部署的重要组成部分，在当前加快生态文明建设的进程中，政策保障力度不断加大，政策创新和突破也在不断加强，对宣传倡导绿色发展理念，引导构建生态文明价值观和制度体系，推动形成科技含量高、资源消耗低、环境污染少的产业结构和生产方式，加快发展节能环保、新能源等绿色产业等方面，发挥着越来越重要的引导和激励作用。2016 年 9 月，《中国落实 2030 年可持续发展议程国别方案》颁布实施，国务院颁布了《中国落实 2030 年可持续发展议程创新示范区建设方案》，作为落实联合国《2030 年可持续发展议程》的重要举措。随后，科技部、外

① 联合国．变革我们的世界：2030 年可持续发展议程［R］．2015.

② 白春礼．推进科技创新建设生态文明［J］．中国环境管理，2015（3）：89 -91.

交部、国家发展改革委、环保部等有关部门出台了相关政策措施，以破解制约我国可持续发展的关键“瓶颈”问题为着力点，集成各类创新资源，加强科技成果转化，探索完善体制机制，推动建设国家可持续发展议程创新示范区，以形成一批可复制、可推广的可持续发展现实样板，对内为其他地区可持续发展发挥示范带动效应，对外为其他国家落实《2030 年可持续发展议程》提供中国经验。

总体而言，中国科技创新政策的生态价值取向，着眼于科学技术发展对生态环境和生态文明建设的影响，强调创新发展与绿色发展、生态文明与社会治理相融合的政策理念。

图 3 -3 是中国科技创新政策基本价值取向示意。

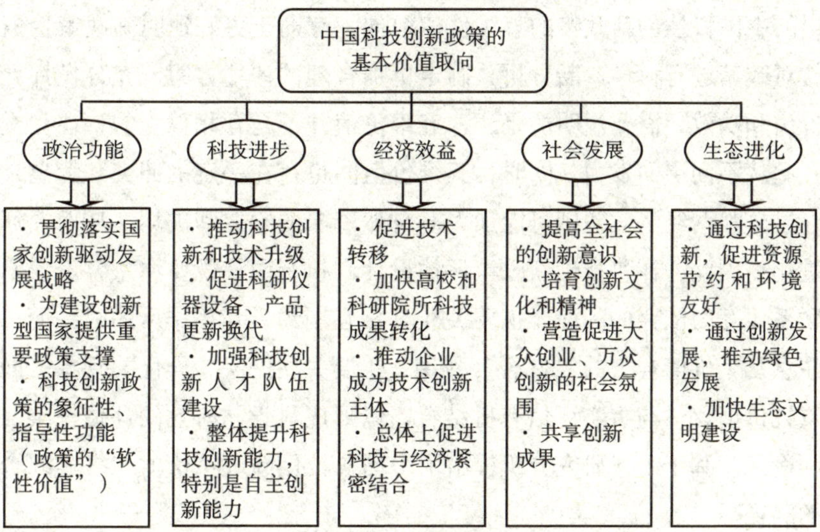

图 3 -3　中国科技创新政策的基本价值取向示意

三、中国科技创新政策价值与事实综合评估的路径

如前所述，在政策制定中，价值演绎为政策，政策与价值挂钩。长期以来，在“技术性评估”理念及其评估范式的影响下，中国已有的科技创新政策评估方法论研究，更多关注技术层面和事实层面的分析，对价值层面的评估关注不足，容易受到政策对象和社会公众对政策公正性、价值品

质的质疑，评估框架模式不能很好契合科技创新政策理论发展和实践需求。近年来，随着科技创新政策及政策评估的不断发展，越来越多的学者更加关注政策背后中的政治、利益和价值因素，以及政策主体、政策对象及利益相关方在其中的互动关系，强调实证评估与规范评估的统一，工具理性与价值理性的互动。目前来看，科技创新政策评估正呈现出逐步由技术性评估范式向事实评估与价值评估相结合回应的综合评估范式转变的趋势。

本章研究分析了科技创新政策的基本价值问题，旨在科学、全面把握政策精神与内涵，在相关具体的政策评估实践中坚持正确的价值导向，为评估活动提供科学指引。在当前大力实施创新驱动发展战略、深化科技体制改革的背景下，结合新时期科技创新政策内容和特点，研究探讨和凝练提出的中国科技创新政策的五维价值取向，有助于更好地明确政策价值目标，对政策进行科学诊断分析，制定更加合理的评估方案，充分发挥评估的价值和功效。需要说明的是，这五维价值并不是互相孤立的，往往交织在一起从不同层面发力。同时，五维价值间也存在一定的冲突和背离，例如，过分强调经济效益则可能加大对自然资源的索取和破坏，从而损坏生态进化。因此，在科技创新政策评估设计和执行中，既要注意各价值间紧密联系、互为依存的一面，也要关注其相互制约、互相排斥的另一面；既要注意几个价值合力的“耦合”作用，也要关注价值“异化”现象；同时要重视价值评估与事实评估有机结合，以形成科学、有效的评估框架、方法和途径。基于上述研究分析提出了中国科技创新政策价值与事实综合评估的路径。

（一）基于“政策辩论”逻辑之上的评估思路

在评估理念上，以开放、系统、多元的认识论为指引，以弗兰克·费希尔批判性复合主义的评估导向为参考，坚持价值与事实评估相结合的评估理念，既关注经验主义分析（主要是项目验证层面），也重视对社会和政治价值（社会选择层面）的评估（见图 3－4）；[①] 既关注实证问题也重

① 方易．弗兰克·费希尔：《公共政策评估》［J］．公共管理评论，2013（2）：156－163．

视规范问题，避免陷入唯实证主义困境和唯技术主义误区。开展科技创新政策评估，也需要有基于政策辩论的逻辑思维和全面的评估方法，不仅要从政策效果的层面进行技术分析，还需要有系统观点，一体化分析政策价值与政策目标。对中国科技创新政策的评估，还要结合其内容与特点，注意将政策的政治功能、科技进步、经济效益、社会发展和生态进化等五维价值取向融入评估的前端设计环节和整体的评估体系中。

政策评估逻辑框架：层面、论点及问题

层面：第一顺序评估

技术分析论点：项目验证（结果）

组织问题：按照经验该项目达到了既定目的了吗？

相关论点：情景确认（目的）

组织问题：项目目的与问题情景有关吗？

层面：第二顺序评估

系统论点：社会论证（目标）

组织问题：政策目标对社会整体有方法性或者贡献性的价值吗？

意识形态论点：社会选择（价值）

组织问题：（构成社会顺序的）组织的基本理念（或意识形态）为冲突的解决提供了合理的基础吗？

图 3－4　弗兰克·费希尔的政策评估逻辑框架

（二）质性评价工具的挖掘与开发

在评估方法上，突破实证主义的传统方法，构建新的科技创新政策评估逻辑体系、评估框架和指标，坚持实证分析和规范分析相结合，不仅要关注对政策结果的预测功能，还要关注政策科学对政策问题相关因果机制的解释功能，从多唯视角来观察和认识中国科技创新政策的评估对象、剖析评估议题，做出全面、客观的评价判断。在具体方法使用上，鉴于科技创新政策评估属于社会科学范畴，价值评估环节难以简单量化，要加强社会科学有效评估方法和工具特别是质性评价方法的探索、开发与使用，综合运用政策科学、社会学、政治学、管理学、哲学、伦理学等跨学科知识和分析工具，避免简单套用数理方法和模型，做到质性评价和量化评价相结合，杜绝片面使用“技术手段”来分析和解决社会、政治问题。

（三）综合性目标与准则的评估模式

在评估实践中，既要关注技术标准、经济标准在评估结果中的应用，又要重视政治、社会、法律等标准在中国科技创新政策设计（方案）、执行和效果评估各环节的实践应用，特别是公平公正标准、社会发展标准、回应性标准和适当性标准等。在运用数理工具和方法对政策效果、效率进行相对科学衡量的同时，要加强对价值评估环节的方法研究和开发，特别是对于更为复杂和难以量化的政策议题，逐步从单一目标、单准则的评估方法发展到基于综合性目标、多准则的评估方法。这里所指的基于综合性目标、多准则的评估方法，是一种综合评估模型，能够对政策效应进行多目标的定性分析和定量分析。该方法充分考虑了政策过程的系统性和层次性，将政策的前期设计、政策的具体执行过程，以及政策实施所带来的结果都纳入评估范围，既关注政策决策的民主化程度，也关注政策执行程序的公平、公开与公正性，对政策效果所产生的原因能够给予较好的解释。同时，在评估设计和实施过程中，还要关注科技创新政策评估利益相关方的价值目标和利益诉求，注重多元化的回应性评价。

第四章

中国科技创新政策综合评估环节的关联分析

在研究确立中国科技创新政策及其评估的价值取向和基本维度后，需要将价值评估的理念、价值评估与事实评估相结合的原则，以及政策国情特征（如政策的制定模式与特点）等，融合贯穿到中国科技创新政策评估的全过程。根据对科技创新政策全过程综合评估的需求和要求，在中国科技创新政策的设计、执行和效果各评估环节，需要回答评估所关注的“是否做正确的事”（do the right things）、“是否在正确做事”（do things right）、“是否把事情做正确”（do the right things right）三个核心问题。①②

一、中国科技创新政策评估环节的关联问题

（一）政策系统理论与其评估环节的关联

根据公共政策系统理论，政策系统主要由政策的主体、客体及政策环境三部分构成。由于政策主体、客体与政策环境，以及政策的咨询、决断、执行和监控等子系统的相互联系与作用，使政策系统呈现为一个动态

① Swiss Agency for Development and Cooperation. External Evaluation［M］. Swiss：SADC，2010.

② Laura Stack. Doing the Right Things Right［M］. California，United States：Berrett - Koehler Publishers，2016.

的运行过程，具体表现为不断输入、转换和输出的过程。

科技创新政策评估作为科技政策系统的重要一环，紧密围绕政策系统的运行过程开展。当前，对公共政策评估的界定，学界存在三种主要的不同认识观点：有的专家学者强调对政策效果的评估；有的关注对政策方案的评估；也有不少认为应是对政策全过程的评估，不仅包括对政策产出与结果的评估，还包括对政策方案（设计）和政策执行情况的评估。例如，罗斯和弗里曼（Rossi and Freeman，1999）提出，政策评估是用系统的方法分析、评价政策干预的战略、设计、执行过程和效果。林水波、张世贤（1998）认为，政策评估是有系统地应用各种社会研究程序，搜集有关咨讯，用以论断政策概念与设计是否周全完整；知悉政策实际执行的情形、遭遇的困难，有无偏离既定的政策方向；指陈社会干预政策的效用。查尔斯·O. 琼斯（Charles O. Jones，1984）在《公共政策研究导论》一书中指出，政策评估是政策执行之后，政府有关机构对政策执行的情况加以说明、量度与分析，其作用在于确认政策是否正确，推断政策之利弊，为将来改进政策提供参考。布莱恩·霍格伍德和刘易斯·冈恩（Brian Hogwood and Lewis Gunn，2014）在他们合著的《现实世界的政策分析》一书中指出，政策过程存在“应然”状态（prescription）和“实然”状态（description），即政策应该如何制定和制定了怎样的政策，政策评估就是把“应然”状态和“实然”状态作比较，提供反馈信息，是两种状态不断修正和完善的过程。①

综合上述专家学者观点，政策的设计、执行和效果等环节是紧密联系、环环相扣的，共同构成了政策运行的动态系统，政策评估不能孤立地就其中某一环节做出评估，而应系统地考察各主要环节之间的关联，通过评估形成闭环和反馈回路。因此，政策评估相应地被视为一种着眼于整个公共政策系统，广泛收集政策各环节评估信息和证据资料，并进行综合论证和评估分析的过程。

① 彭鸿广．我国政府采购扶持自主创新政策效果评估与对策［J］．科技与管理，2011（3）：1－4.

（二）各评估环节关联不够的问题表现

根据对政策全过程综合、系统评估的要求，在中国以往的科技创新政策评估研究和实践中，存在的主要问题主要表现为以下几点。

1. “预评估”缺失

近年来，随着科技创新在国家战略布局中的地位得到显著提升，以及政策在国家治理体系中的功能作用不断增强，科技创新政策进入了一个密集发布期。在各类政策“海量”、集中出台过程中，存在一些政策前端审查不足、质量欠佳，也存在不同政策间衔接不够、相互“打架”的情况。例如，存在企业利用进口科技开发用品或科教用品建立技术开发平台，在申报税收优惠政策时要求企业不得对外开展服务，与公共技术开发平台开放共享的有关政策规定相冲突；对国有企业负责人研发投入的考核与国有资产保值增值的考核协调衔接不够；在国有单位（包括国有企业、高校、科研机构）实施的股权激励与现行的国有资产管理规定协调衔接不够；激励企业创新的税收减免（如研发费用加计扣除、高新技术企业税率优惠）与税务机关对税务人员（特别是基层税管员）征税考核指标要求协调衔接不够；鼓励高校教师科技成果转化、兼职和创办企业，与高校对教师教学和职称考核要求协调衔接不够；要求党政干部不得在企业兼职的规定，与鼓励高校、科研机构科技人员创业的要求协调衔接不够；科技创新投资风险与财政经费绩效考核、审计的矛盾等。① 究其原因，主要是政策出台前的政策关联分析、政策论证和“预评估”欠缺。

在相当长的一段时间，科技创新政策评估领域普遍存在重政策效果评估、轻政策制定（设计）评估的现象。如本书第三章所述，中国知网上与科技创新政策评估密切相关的49篇论文中，在论文标题中直接体现对政策效果/绩效关注的就达到11篇，占总数的22%；相比较而言，只有1篇在

① 国家科技评估中心．国有企业落实《关于强化企业技术创新主体地位全面提升企业创新能力的意见》情况调查评估报告［R］．2014．

论文标题上体现对政策制定（设计）层面的关注，在论文正文中进行相关论述分析的也很少见。进一步拓宽范围检索发现（通过篇名和关键词检索），在中国知网有关公共政策评估的论文中，体现政策预评估字眼的只有两篇：一篇来自中国人民大学作者2008年发表的《中国政府限塑令政策预评估——从商家应对和消费者偏好角度分析限塑令的环保效应》；另一篇来自同济大学作者2017年发表的《基于城市综合体分类的停车收费政策预评估》。可见，在包括科技创新政策评估在内的公共政策评估领域中，普遍存在对政策预评估关注和研究不足的现象。

为从源头上提升科技创新政策的质量与水平，增强政策的协调性，消除政策间的矛盾冲突，国家层面科技创新决策机构和相关政策制定主体逐渐意识到了政策预评估的重要性，并出台了相关指导规定。2015年，中共中央、国务院颁布的《关于深化体制机制改革加快实施创新驱动发展战略的若干意见》提出，要对新制定政策是否制约创新进行审查，即从政策制定前端审查的角度，要求对拟出台科技创新政策内容条款进行把关，防止新出台政策有违创新规律、阻碍新兴产业和新兴业态发展。同年，国家科技部印发的《关于落实创新驱动发展战略加快科技改革发展的意见》中明确提出，要根据创新驱动发展和依法行政要求，系统梳理现有创新政策法规，加强政策法规制定预评估。然而，尽管国家层面从综合政策文件中体现了这一宏观指导要求，从各地方、各部门的评估实践来看，还普遍缺乏这方面的具体评估案例。从已有研究文献看，科技创新政策预评估的研究论文也很罕见。从国际上看，在政策预评估方面，西方发达国家十分重视，议会在组织实施上发挥着重要作用，且在配套制度和工作机制上有明确保障。①

2. 对政策各主要环节的动态关联考察不足

一是从科技创新政策评估研究文献看，已有评估研究关注政策效果层面的多，既涉及国家政策，也涵盖地方（区域）政策，重视对政策效果评估工具（如DEA、基于两阶段集中式CCR－DEA模型等）、方法和指标的

① 王再进，邢怀滨．欧洲议会的技术评估及对我国的启示［J］．自然辩证法研究，2015（1）：32－37.

研究，而对政策系统理论、政策作用机理，以及政策制定、执行和效果各主要环节的关联研究与全面诊断分析少，对不同评估环节发力不平衡。

二是从近年来有关部门和地方组织开展的政策评估活动看，在很大程度上是为了督促上位政策在下级执行机构和单位中的贯彻落实，打通政策落实的“最后一公里”，主要评估政策的落实情况和效果，评估往往作为督查的支撑工具和手段。从很多省市科技创新政策评估实践做法来看，也是主要基于上述目的，跟踪监测政策落实进展和成效，总结经验，发现问题；普遍存在聚焦于政策实施后的实证效果、绩效评估，忽略了政策全过程评估理论方法研究，对政策的战略框架设计、决策过程、政策评估体系构建等理论问题缺乏深入探讨，缺乏政策设计前、政策实施后全过程的动态监测评估。

（三）评估环节关联不够的后果

通过上述分析可见，基于狭义的政策评估视角，对政策系统、过程的考察偏颇，以及对政策制定、执行和效果等主要环节的关联性与相关要素的整体把握欠缺，将给评估工作带来较大局限性，评估的效用也会受到影响。

一是基于单一的科技创新政策评估视角，可能会导致评估人员在评估过程中“只见树木、不见森林”“只见局部、不见整体”，缺乏评估的系统观和整体思维，由此可能导致所作的评估分析不够全面、客观。例如，基于价值中立原则，仅关注政策效果的实证评估，可能会忽视政策设计环节的政策价值取向定位和价值目标对政策效果所产生的影响，甚至掩盖政策设计层面或政策方案本身的缺陷和问题。同时，也无法回答涉及政策的价值目标争论及其背后的意识形态或道德伦理问题。

二是将政策实施过程看作“黑箱”，缺乏对科技创新政策各主要环节的关联考察、动态考察与政策全过程综合分析，在形成评估判断和结论时，可能会出现以偏概全的情况，也不能很好实现政策科学对政策问题相关因果机制的解释功能。

三是基于前两点局限性，会使科技创新政策评估在整体上不够科学、客观和公正，评估产出质量和综合效果大打折扣。

二、中国科技创新政策综合评估三环节的关联分析

（一）政策设计评估环节的关联分析

政策设计环节是价值评估的核心环节。政策设计过程，实际上就是价值选择的过程。本书将政策设计的直接产出和结果称之为政策方案（或政策文本/文件）。在政策设计和制定环节，受各种主客观因素的影响，政策方案并不一定是完善的。在公共管理领域，许多政策之所以无法实现预期目标与效果，甚至难以执行下去，很大程度上与政策设计存在问题、政策方案先天不足密切相关。因此，有必要对其进行评估。

贠杰、杨诚虎（2006）认为，对政策方案的评估通常需要遵循以下基本原则：（1）是否有利于"元政策"（关于制定政策的政策被称为"元政策"）的实现，即评估政策方案本身是否体现了基本国策的精神，是否符合国家总体发展战略（涉及政策的相关性）；（2）是否能最大限度实现政策目标；（3）耗费的政策资源是否尽可能的少、政策成本是否尽可能的低（涉及政策成本、政策效率）；（4）政策方案实现中产生的副作用是否尽可能的小。威廉·邓恩（2001）在《公共政策分析导论》一书中，也探讨了政策方案的评估标准，包括效益、效率、充分性、公正性、回应性和适当性。其中，效益指某一特定政策方案能否实现所预期的行动结果（即目标）；效率指为产生特定水平的效益所要付出努力的数量；充分性指特定的效益满足引起问题的需要、价值或机会的程度；公正性指效果与努力在不同群体中分配的公正程度；回应性指政策满足特点群体的需求、偏好或价值观的程度；适当性指政策目标的价值和支持该目标的前提是否站得住脚。此外，卡尔·帕顿和大卫·沙维奇（Carl V. Patton and David S. Sawicki，1993）在《政策分析和规划的初步方法》中提出了政治可行性、技术可行性、经济可行性和行政可操作性等相关标准。

概括起来，上述原则或标准的核心是方案的科学性、合理性和可行性，可统称其为方案的正确性。正确的政策应该符合经济社会发展的客观

规律，能够促进经济社会发展，能够被执行者所认同，能够被政策对象所拥护，这是政策能否被有效执行的基本前提，也是决定政策能否取得成效的关键所在。

但是，理想的政策方案，仅仅有正确性是不够的，还需符合具体、可操性的要求。如果政策方案是正确的，但规定却含糊不清，例如，在政策目标、计划、程序和措施等方面缺乏明确、具体的条款，政策参数该具体的不够具体，容易引起政策界限不清和导致政策随意变通，那么政策执行起来难度仍然会比较大，执行效果会打折扣。所以，明确具体的政策方案，也是政策能否有效执行的基本条件之一。

对中国科技创新政策设计环节的评估，无论是事前评估，或是事中、事后的回顾（review）、总结评估，都需要回答政策的正确性问题，包括政策干预的必要性，政策的科学性、合理性和公平性等基本问题，也就是要回答评估在该层面所关注的是否做正确的事。这是政策后续过程环节的基本和前提，也是政策执行和效果评估环节必须同步考察的重要内容。

同时，从操作上、技术上来说，还应关注科技创新政策文本（文件）的具体明确性或可操作性，这也是政策执行者行动的重要依据和确保政策能够有效落实的关键要素之一。

（二）政策执行评估环节的关联分析

政策执行是连接政策方案和政策结果的中间环节，也是将政策的目标（包括价值目标）转化为政策现实的基本途径。美国政策学家艾利森（G. T. Allison，1971）认为，[①] 在实现政策目标过程中，方案确定的功能只占10%，其余的90%取决于有效的执行。可见，是否正确做事对于能否实现政策目标至关重要。

在过去很长的一段时间内，人们偏重于政策规划与制定的研究，而忽视了对政策执行的研究，一定程度上制约了政策科学的发展。20 世纪 60 年代，美国约翰逊政府所发起“伟大社会”改革的许多政策项目并没有成

① 理解该学者的意思，这是基于政策目标正确的前提下做出的判断。

功，在客观上向人们提出一个问题，即为什么好的政策不能取得预期效果。[①] 普雷斯曼（T. L. Pressman，1973）和韦达夫斯基（A. Wildavsky，1973）对美国联邦政府的“奥克兰计划”（创造就业机会的政策项目）研究表明，该计划并非按政策制定者所设想的那样被执行，之所以没有取得预期目标，问题就在执行的方式上，尤其是“联合行动”的困难上。他们的工作引发了政策执行的浪潮，20 世纪 70 年代初以后，政策执行成为西方政策科学研究的一个焦点问题，70～80 年代在西方掀起了所谓的“执行运动”。[②]

这一时期，在西方兴起了各种政策执行理论，比较有代表性的包括行动理论、组织理论、因果理论、管理理论、交易理论、系统理论和演化理论。[③] 这些理论从不同视角解释了影响政策执行的各种因素及其相互关系，丰富了政策科学的理论内容，在此基础上学界还构建形成了若干政策执行模式，包括史密斯（T. B. Smith）“过程模式”（或称“史密斯模型”，见图 4－1）、[④] 麦克拉林夫（M. Mclaughlin）“互动理论模式”、尤金·巴得克（E. Bardach）“博弈模式”、马丁·雷恩（M. Rein）和弗朗希·F. 拉宾诺维茨（F. F. Rabinovitz）“循环模式”、米德和霍恩“系统模式”、萨巴蒂尔（P. Sabatier）和马泽曼尼安（D. Mazmania）“综合模式”等。其中，最为经典和广受关注的是史密斯模型。

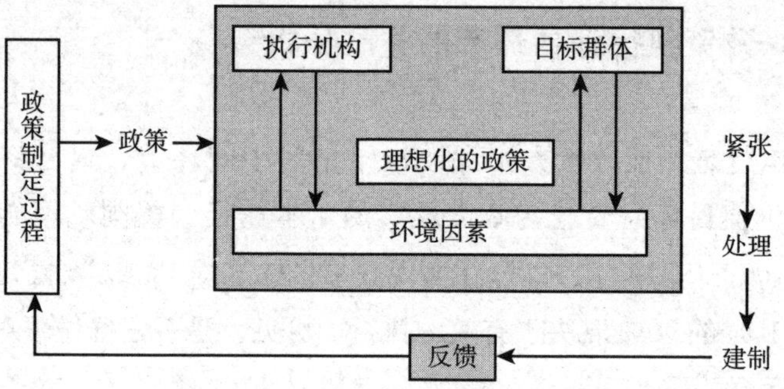

图 4－1　史密斯政策过程模型

资料来源：陈振明．政策科学——公共政策分析导论［M］．北京：中国人民大学出版社，2003.

① 舒泽虎．公共政策学［M］．上海：上海民大学出版社，2005.

② 陈振明．西方政策执行研究运动的兴起［J］．江苏社会科学，2001（6）：60－61.

③ 陈振明．政策科学——公共政策分析导论［M］．北京：中国人民大学出版社，2003.

④ T. B. Smith. The Policy Implementation Process［J］. Policy Sciences，1973（2）：203.

从史密斯模型也可看出，一项具体的政策要达到预期目标，除了要保证有“理想化的政策”之外，执行机构及人员对政策的认同感、政策执行能力与服务水平，以及相关执行部门间的沟通协调程度等，也是影响政策成效的关键因素。[①] 因此，在对中国科技创新政策执行环节的评估中，应特别关注执行机构、目标群体和环境条件对政策目标实现的影响。其中，中国科技创新政策执行机构主要涉及地方各级政府及其所属相关部门；[②] 目标群体通常为企业、高校、科研院所等创新主体；环境条件往往包括影响科技创新政策落实的大的经济、社会、政治环境和条件，如地方（政策执行的主体）的经济发展水平、财政实力（与科技资金投入、财政补贴、税收优惠等相关政策的落实力度高度相关）、科技资源禀赋和创新基础条件等。

（三）政策效果评估环节的关联分析

政策效果是政策执行后对客体及环境所产生的结果与影响。政策效果具有多层次、多样性，既包含政策预期目标的实现情况，也包含预期目标外的成效和影响，有直接的也有间接的，有显性的也有隐性的，有正面的也有负面的。托马斯·戴伊（2011）认为，政策评估需要了解政策对现实世界所产生的所有效果，主要包括：对目标情形或群体产生的效果，对预期目标之外的情形或群体产生的效果（溢出效应），对当前以及未来的状况产生的效果，以及直接成本和间接成本。[③] 所有的政策收益和成本，不管属于近期的还是远期的，都必须从象征性的影响与实质性的影响进行评估与权衡（见表4－1）。

① 陈振明．政策科学——公共政策分析导论［M］．北京：中国人民大学出版社，2003.

② 国家层面有关政府管理部门（如部委）通常为政策制定机构，当然对于党中央、国务院层面制定的政策，其自然也相应成为“执行机构”的一部分。

③ 托马斯·戴伊（谢明译）．理解公共政策［M］．北京：北京大学出版社，2011.

表 4-1　　托马斯·戴伊的政策效果评估框架

	收益			成本	
	目前	将来		目前	将来
目标群体和境况	象征性的	象征性的		象征性的	象征性的
	实际的	实际的		实际的	实际的
非目标群体和境况（溢出效应）	象征性的	象征性的		象征性的	象征性的
	实际的	实际的		实际的	实际的
	小计	小计		小计	小计
	目前收益	目前收益		目前成本	将来成本
	所有收益之和		减去	所有成本之和	
	政策净效果				

资料来源：托马斯·戴伊（谢明译）. 理解公共政策［M］. 北京：北京大学出版社，2011.

关于象征性影响，在托马斯·戴伊看来，有些政策首先具有的是一种象征价值，它们实际上并不改变目标群体的状况，只不过是这些群体感觉到政府在“关心”它们；也有一些政策可能具有的有形效果是微不足道的，初始用意不过是为了让目标群体得到印象，以为他们要求的问题已经解决或者正在解决之中，从而减轻对政策制定者的压力，或激发起某种精神。①

政策效果评估的主要目的是通过一定的方法确定某项政策是否发挥了作用，以及在多大程度上发挥了作用，并进一步了解政策干预与政策效果及影响之间的因果关系，以便为政策的调整、修订与完善提供基本依据。政策效果评估一般涉及以下两个方面重要内容：一是政策目标与实际效果之间的差距；二是政策实施前后状态之间的差距。其中，前者是衡量政策预期目标实现程度的指标，后者是衡量政策实际效果的指标。

检验中国科技创新政策的预期目标是否实现及具体实现程度，需要对政策目标、执行情况、效果和影响进行过程环节系统分析、综合评判，在定性评估和定量评估相结合基础上，尽可能对预期目标实现程度进行量化分析，得出“是否把事情做正确”的科学判断。

① 陈振明. 公共政策学：政策分析理论、方法和技术［M］. 北京：中国人民大学出版社，2003.

三、中国科技创新政策全过程综合评估环节的关联路径

综上所述，中国科技创新政策过程各环节间存在较强的关联性，政策的价值目标及其实现嵌入政策全过程，因此对中国科技创新政策的评估，不应局限在某一过程和环节，而应放在全过程进行系统考察和分析。这样不仅有利于提高政策评估的科学性和合理性，而且有助于提升评估的质量与水平。

（一）政策“设计—执行—效果”动态监测评估链

根据上述分析，需要研究构建中国科技创新政策的综合评估框架，嵌入政策全过程评估的理念，体现政策设计（目标）、执行和效果全过程综合评估的视角与评估逻辑关系，以及政策制定方、执行方和受益方（政策受众）在相关环节的对应关系，形成政策“设计（目标）—执行—效果”的动态监测评估链（见图4－2），进而形成从政策制定、执行、效果再到新一轮政策制定的评估反馈回路。

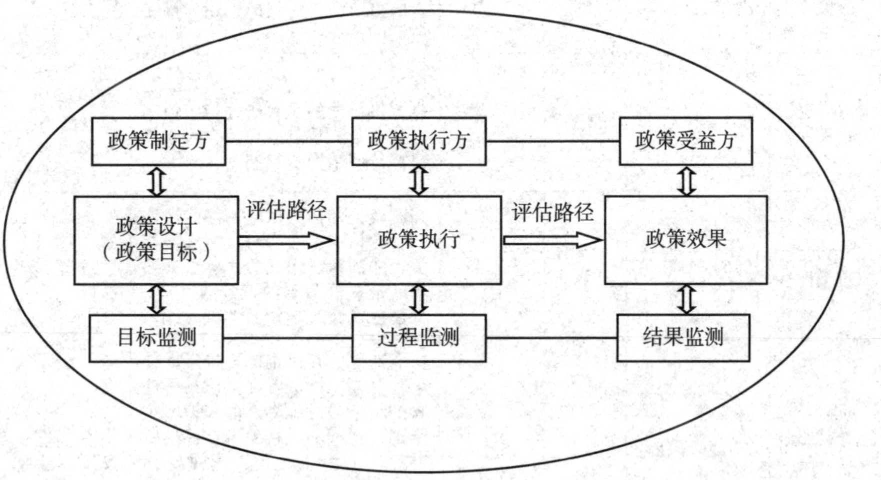

图4－2　科技创新政策全过程动态监测评估链

资料来源：笔者绘制。

（二）嵌入政策全过程的三层五维价值评估

从政策评估方法的演进看，已由第一代的测量（measurement，通过测量使数据收集系统化）、第二代的描述（description，通过描述使评估客体得到发展）向第三代的判断（judgement，将价值判断确立在评估中）和第四代的回应性建构主义评估（the responsive constructive evaluation，强调价值多元主义，注重回应、协商和共同建构）发展演变，走过了实证主义到建构主义之路，使评估者在保持技术性、描述性作用的同时，又扮演者评判员和问题建构者的角色。2000 年后，豪斯（House）和豪伊（Howe）又推动“协商式”评估，强调民主原则。政策评估活动也从以往坚持价值中立立场到价值判断融入评估，再到适应价值多元主义的趋势发展（见表 4－2）。

表 4－2　政策评估方法演进及评估特点

阶段	时期	标志	主要方法	评估特点/重点	案例
第一代政策评估	1910 年至第二次世界大战	测量	定量	认为“政策评估即实验室实验”，评估的重点是用客观的标准和严谨的方法论来评估（测量）政策在技术层面的达成程度	如对学生智商、学习成效的测量
第二代政策评估	第二次世界大战至 1963 年	描述	定量	认为“政策评估即实地实验”，除保持技术测量外还强调实地调查的重要性，评估的重点为描述政策的达成程度	如对学生课程体系的评估（格式化）
第三代政策评估	1963～1975 年	判断	定量	认为“政策评估即社会实验”，强调将科学的实验研究与实地调查相结合，重点放在社会对政策目标价值结构的判断上	美国对许多领域的科研、教育项目的评估，如国家科学基金会改进计划
第四代政策评估	1975～2000 年	价值多元主义	定性	强调政策评估是回应的建构性评估，评估的重点为对众多利益相关者的利益诉求和争执、公共政策的伦理价值等的回应性表达，并形成对政策问题的共识	如“社区—大学青年合作”项目
协商式评估	2000 年以后	协商	定性	协商式评估在民主框架中发挥作用，并要求评估者在得出站得住脚的结论的过程中，能坚持民主原则，强调利益相关者在评估所有阶段的民主参与、通过对话（如讨论、调查、争辩）来审视和确定利益相关者的投入，经过审议对项目成果进行有效的评估	还有待进一步发展和检验

资料来源：笔者综合相关文献资料整理形成。

为更好适应政策评估的发展趋势，在中国科技创新政策评估过程中，需要兼顾价值理性与工具理性，既关注事实层面的技术和实证分析，又注重政策的价值品质及其研判，既要设立事实评估标准（效益、效率等），也要设立价值评估标准（适当性、公平性、充分性、回应性等），形成事实与价值标准相互补充、融合运用的评估标准体系。在此基础上，将价值评估的理念、标准、原则和方法始终贯穿于科技创新政策全过程和政策发展的全生命周期，融入政策设计、执行和效果等三个主要环节，基于从全方位的评估视角考察科技创新政策的政治功能、科技进步、经济效益、社会发展、生态进化等“五维”价值的目标实现方式、实现过程和实现结果。同时，在科技创新政策评估实践中，要注意发挥价值理性的引导、审视作用和工具理性的支撑和验证作用，避免任意扩大其中一方面作用而使另一方面受到了遮蔽或抑制，做到价值理性与工具理性协调融合，实然分析和应然分析相统一。

对科技创新政策评估人员而言，需要转变观念，树立系统思维，以准确把握政策全过程综合评估三环节的逻辑关联，以及科技创新及其政策评估的三层价值内涵与关系。同时，需要加强专业培训和实践积累，提升集政策研究、政策分析和政策评估于一体的综合素养，注重加强政策价值评估能力建设和工具方法探索，在事实评估环节扮演好技术性、描述性角色，在价值评估环节当好评判者和问题建构者，以更好满足政策全过程综合评估的切实需求。在科技创新政策评估实践中，评估人员还需要加强与评估委托方、评估对象和利益相关方的沟通和互动，广泛调研、深入了解各层级政策管理和执行部门、政策服务机构、基层一线政策受众（企业、高校、科研院所、科技中介机构等）和相关科研人员乃至社会公众对所评估政策的认识、立场、观点和意见，将评估意见和结论的形成建立在更加翔实、可靠的多元证据基础上，建立在充分考量各相关方价值主张、利益诉求并进而给予综合研判和回应的基础上，更多发挥评估的建设性（如以评促建、以评促管等）功能，并通过评估及其各环节的对话、互动和协商促进相关方面形成政策共识、提升政策综合绩效（见图4-3）。

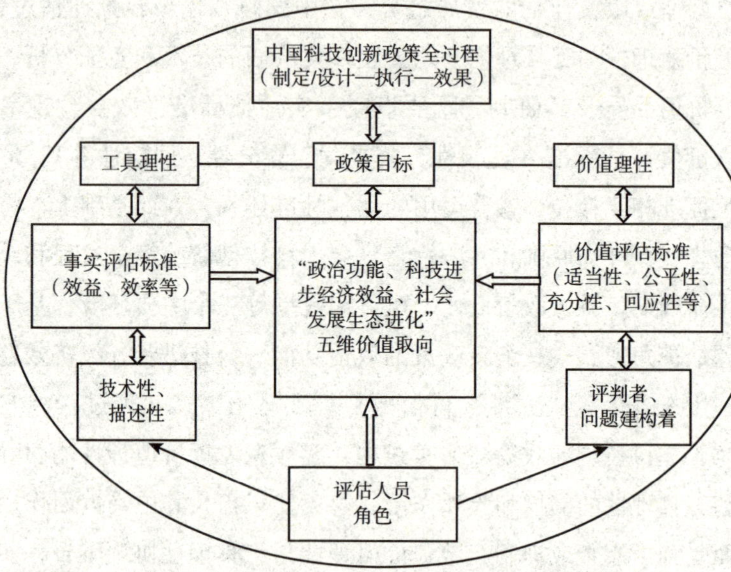

图4-3　将“五维”价值取向融入科技创新政策全过程评估示意

资料来源：笔者绘制。

（三）评估指标体系的系统关联设计

根据对中国科技创新政策全过程综合评估的要求，在研究构建综合评估指标体系时，要综合考虑评估的事前、事中与事后三个阶段，系统把握政策设计（制定）、执行和效果三个基本环节，可将政策设计、政策执行、政策效果纳入评估的准则层，在此基础上将政策的综合绩效作为评估的目标层、细化分解评估准则层形成评估的指标层，并注重评估目标层、准则层和评估指标层的对应关系，与科技创新政策的全过程动态监测评估逻辑关系相适应。

在中国科技创新政策指标体系设计原则中，要体现全过程评估的系统性要求，并在各政策过程环节相关指标设计中融入价值评估的具体内容，特别是在政策设计（制定）环节。同时，整体考虑和系统把握政策全过程各主要环节评估指标，以及价值评估与事实评估指标的关联性，做好各关联指标、直接指标与间接指标等的衔接配套。

第五章

中国科技创新政策综合评估框架的构建

本章基于价值目标管理、政策全过程动态分析、回应性建构主义、实践适用性导向等评估理念和思路，结合中国科技创新政策的内容特点，研究设计了中国科技创新政策综合评估的基本框架。该框架覆盖了政策制定（设计）、政策执行和政策效果等主要环节，并将价值评估的内涵和要求嵌入评估框架内容，体现了价值评估和事实评估相结合，对政策全过程、全链条进行综合评估的原则，形成了完整的评估路径和评估结果反馈路径，既适用于单一性政策，也适用于复合型政策，以便为不同类型政策提供评估基础框架指导。

一、综合评估框架设计理念

（一）价值目标和绩效管理的逻辑关联

彼得·德鲁克（Peter Drucker）于1954年在其《管理实践》著作中率先提出了“目标管理”理论，强调以目标为导向、人为中心、成果为核心，目标管理作为方法论从企业管理迅速延伸到了公共管理等领域。绩效管理可视为“绩效导向下的目标管理”，作为政府管理方式创新的一种手段，融入了公共责任的管理理念，强调公共服务的结果导向，目前已经成为中国各级政府管理最常见的管理模式。科技创新政策评估作为科技创新政策绩效管理中的一个重要环节，同样需要将目标（特别是价值目标）管理和绩效管理的科学理念，有机融入科技创新政策评估框架设计中。随着各国政府对政府绩效管理与评估的逐步重视，基于“目标—投入—活动—产出—成效—影响”的监测评估逻辑框架在科技评估实践中得到了越来越广泛应用，并在国际评估界产生了积极影响，其以目标为重要导向，注重过程监测和结果反馈的评估理念和思路，对我国科技创新政策评估设计有一定参考价值。

（二）政策全过程链条系统性评估回路架构

科技创新政策是一个动态的过程，其动态性主要体现在整个政策运行的各个阶段和环节。鉴于科技创新政策制定（设计）、执行和效果各环节，彼此之间是紧密相关的，在科技创新政策评估综合评估框架设计中，为形成更加客观、公正、准确的评估判断，需要系统考察政策制定（设计）、执行和效果各环节，建立起覆盖政策全过程、全链条的政策评估体系；同时，政策制定（设计）、政策执行和政策效果可各自作为变量影响其他两个变量的结果，因此，要注意从动态的视角，来评估分析三个环节及其互动关系，形成政策全过程链条、系统性的评估回路架构，而非将三个环节简单割裂看待和分析。

（三）回应性建构民主反馈式评估机制

回应性建构主义评估是古贝和林肯所倡导的第四代公共政策评估的核心价值理念。该评估理论认为评估的本质是一种建构的过程，倡导的评估模式更加关注评估的促进发展的功能，重视被评估者和其他利益相关方的意见与要求，强调响应式聚焦和建构主义方法论两个因素，为学界、实务界贡献了具有前瞻性的评估哲学和评估理念（见图5-1）。当前，在我国科技评估研究和实践中，也越来越关注价值的多元性，以及评估的“回应”“协商”“共同构建”，并已尝试探索开展“参与式”评估。例如，在近年来开展的国家重大科技计划项目监督评估实践中，专项实施的决策部门与执行部门、项目管理专业机构、项目承担单位等利益相关方保持着紧密的沟通，相关主体广泛参与评估过程，并建立了对评估结果的反馈和意见交互机制，避免因过分强调科学实证主义的方法带来的缺陷或不足。研究认为，该新一代评估的价值理念契合中国科技创新政策评估的未来发展方向和实践需求。

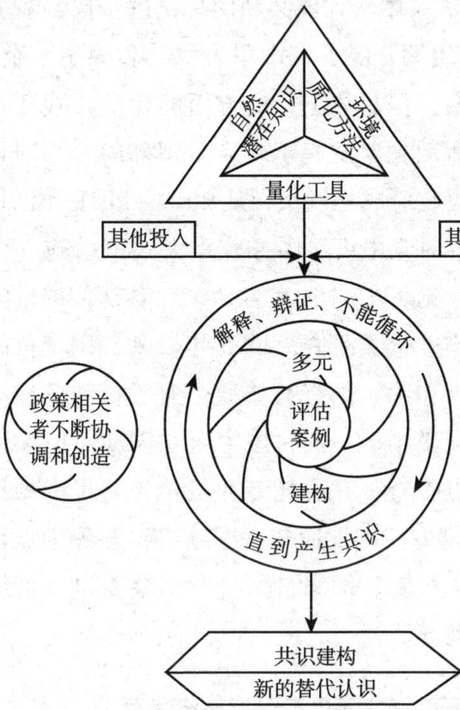

图5-1　古贝、林肯的回应性建构主义政策评估框架

资料来源：贠杰，杨诚虎．公共政策评估：理论与方法［M］．北京：中国社会科学出版社，2006.

（四）科技创新政策评估的本土化视角

科技创新政策作为各国政府激励、引导、规制科技创新活动的重要工具和手段，在政策作用机理、政策表现形式等方面具有共通的规律和特点，同时由于各国经济社会发展水平、科技发展阶段、科技管理体制不同，也体现了一定的国情特点。

对西方发达国家而言，科技创新政策评估兴起较早，主要目的是促进科技决策的科学化和民主化，通常由立法机构（议会）发起，委托专业评估机构进行，如欧洲议会技术评估网络（european parliamentary technology assessment，EPTA）成员方组织开展的评估活动。[①] 对中国而言，在国家立法机构层面也曾组织开展过科技创新政策领域的评估，如全国人大于2010~2011年组织开展了《中华人民共和国科技进步法》有关政策制度立法后评估，于2012年组织开展了《中华人民共和国中小企业促进法》有关政策制度立法后评估，但总体上，这方面的评估实践还比较少。大量的科技创新政策评估活动主要发起于政府管理部门，特别是中央政府部门。例如，新一届中央政府成立以来，从2014~2018年已连续五年每年组织开展政策大督查，对党中央、国务院重大政策措施（包括一些重点的科技创新政策措施，见表5-1）在各地区、各部门的落实情况进行督查，并委托第三方机构进行了评估；2015年以来，国家科改领导小组分别就企业研发费用加计扣除、国有科技型企业股权和分红激励、事业单位高层次人才收入分配激励、中关村国家自主创新示范区试点等政策组织开展了落实情况重点督查，并委托专业机构进行了专项评估；2017年、2018年，国家科技部专门印发通知，继续组织开展重点科技创新政策年度监测评估工作；中科院、国家自然科学基金委也分别组织开展了相关政策领域的评估活动等。

表5-1　　国务院历次督查中涉及的与科技创新密切相关的政策措施

督查名称	涉及方面	具体政策措施
第一次大督查（2014年）	稳增长、促改革、调结构、惠民生	以创新支撑引领经济结构优化升级的政策措施落实情况
		推进文化创意和设计服务与相关产业融合发展的政策措施落实情况
第二次大督查（2015年）	稳增长、促改革、调结构、惠民生	实施创新驱动发展战略、促进“大众创业、万众创新”的系列相关政策措施

① 王再进，邢怀滨. 欧洲议会的技术评估及对我国的启示［J］. 自然辩证法研究，2015（1）：32-37.

续表

督查名称	涉及方面	具体政策措施
第三次大督查（2016 年）	促进创新驱动发展	加快“双创”示范基地建设，引导“双创”要素投入，突破一批阻碍“双创”发展的政策障碍，形成一批可复制可推广的“双创”模式和典型经验情况
		推进“中国制造 2025”和“中国制造 + 互联网”，推动建设若干国家级制造业创新平台，组织实施重大技术改造升级工程情况
		构建大中小企业、高校、科研机构、创客等多方协同的新型创业创新机制，扩大高校和科研院所自主权，落实促进科技成果转移转化的政策措施，鼓励科研人员创业创新，培育创业创新服务业等情况
第四次大督查（2017 年）	推进供给侧结构性改革	落实扩大享受企业所得税优惠的小型微利企业范围
		提高科技型中小企业研发费用税前加计扣除比例等一系列减税措施
		加快完善知识产权保护制度情况
	推动新旧动能转换	持续推进大众创业、万众创新
		新建一批“双创”示范基地和专业化众创空间
		加强对创新型中小微企业支持
		打造面向大众的“双创”全程服务体系等情况
		提升科技创新能力，落实股权期权和分红等激励政策
		落实科研经费和项目管理制度改革情况
		推进工业强基、重大装备专项工程
		鼓励企业加强技术改造等情况
第五次大督查（2018 年）	推进创新驱动发展	进一步完善中央财政科研项目资金管理等政策的若干意见落实情况
		扩大创业投资、天使投资税收优惠政策试点范围情况
		对承担重大科技攻关任务的科研人员，采取灵活的薪酬制度和奖励措施情况
		推进双创示范基地建设，发展平台经济、共享经济等情况

注：2014 年以来，国务院先后部署五次政策大督查，有关部门围绕推动“稳增长、促改革、调结构、惠民生”，以及“促进创新驱动发展”“推进供给侧结构性改革”“推动新旧动能转换”等领域国家重大政策落实，组织开展了评估活动，其中包括对相关重点科技创新政策措施落实情况的评估。此表由笔者综合国务院五次政策大督查相关公开资料整理形成。

当前，中国开展科技创新政策评估的一个明显特点是，评估逐渐成为中央督查地方、上级部门监督检查下级部门政策落实情况的重要抓手，同时评估在科技决策管理过程中的地位和作用越来越突出，评估的决策咨询、支撑功能也在不断展现。随着政府管理职能加快转变，以及对政策评估的高度重视，中国的科技创新政策评估逐渐朝着制度化、规范化的方向发展，评估的社会和文化氛围日益浓厚。在开展科技创新政策评估研究时，需要充分考虑这一现实情况，结合国情、科情、政策情进行系统研究，突出本土化视角，体现中国特色。

二、综合评估框架基本结构

基于上述评估理念和主要思路，本书在充分考虑中国政策国情及科技创新政策特点的基础上，从系统、全面评估的视角，研究设计了中国科技创新政策综合评估框架（见图5-2）。该综合评估框架主要由四部分构成。第一部分是全过程政策评估的主要环节和基本路径（图5-2的上部）；第二部分为全过程政策评估的逻辑关系与核心要素（图5-2的中间区域）；第三部分为全过程政策评估的内容焦点与关键主题（图5-2的中偏下区域）；第四部分为全过程政策评估的基本标准和主要方式（图5-2的下部）。

（一）评估环节和路径

涉及中国科技创新政策活动的全过程，包含了全方位政策评估所关注的政策制定、政策执行和政策效果三个方面，覆盖了事前评估、过程评估和结果评估各个节点，形成了覆盖政策全生命周期、系统完整的监测评估路径（链条），以及评估结果的回馈路径。

（二）评估逻辑与要素

遵循了政策全过程监测评估的基本逻辑，结合当前国际评估界对政策

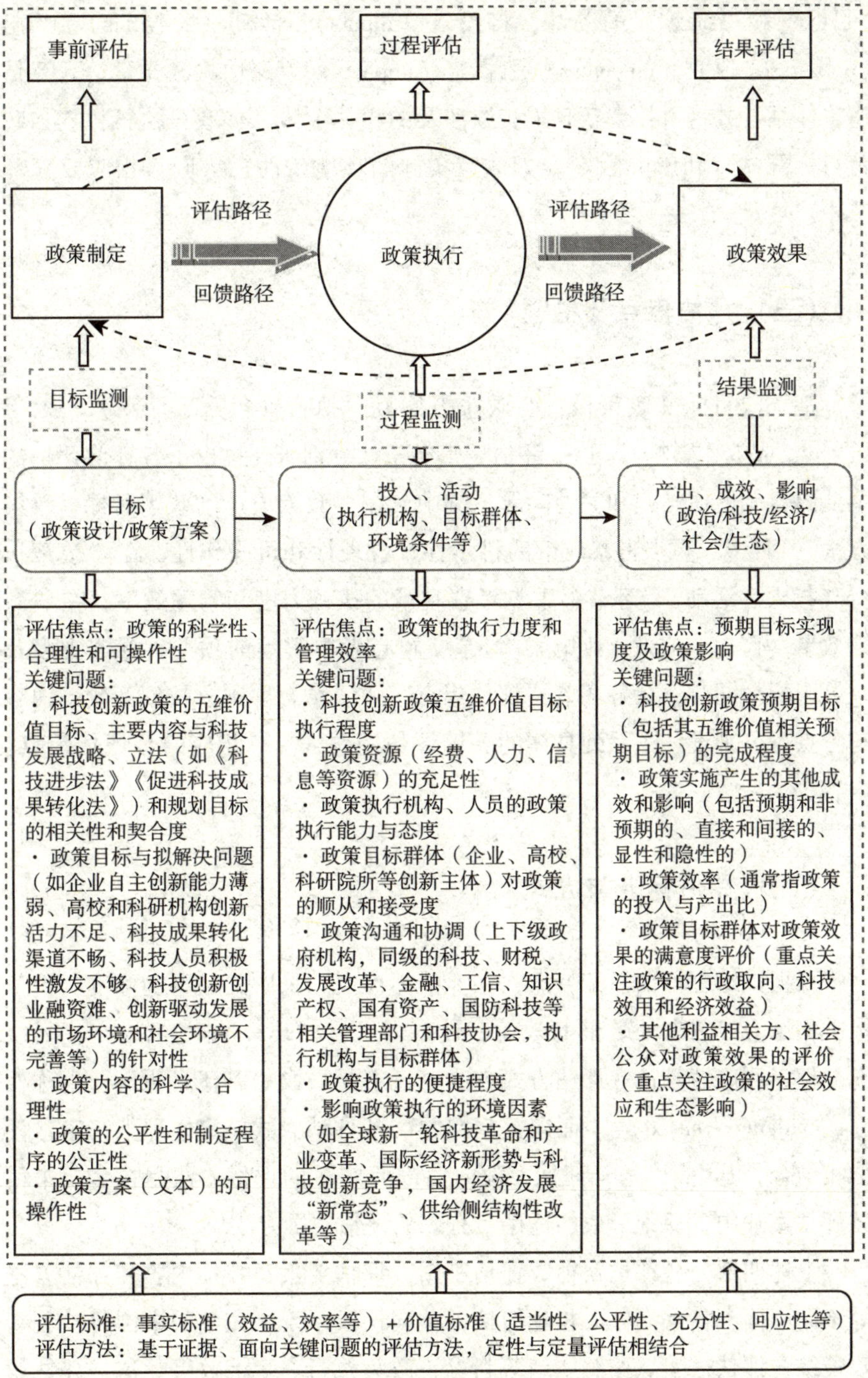

图 5－2　中国科技创新政策综合评估框架

“目标”和“绩效”的关注，将投入（inputs）、活动（activities）、产出（outputs）、成效（outcomes）和影响（impacts）等评估关键要素纳入评估逻辑体系，并将科技创新政策实施涉及的相关主体（如政策执行机构、政策目标群体）和影响因素（如政策实施的环境条件）等嵌入相应要素环节中。

（三）评估焦点及主题

基于“目标（政策设计、政策方案）—执行（投入、活动）—效果（产出、成效、影响）”这一评估逻辑链条，分别研究提出了各环节评估的主要内容、评估焦点和关键问题。其中，在“政策设计（政策目标、政策方案）”环节，重点考察政策的科学性、合理性和可操作性；在“政策执行（投入、活动）”环节，重点考察政策的执行力度和管理效率；在“政策效果（产出、成效、影响）”环节，重点考察政策的预期目标实现度及政策影响。同时，在各环节“评估焦点”下，结合中国科技创新政策内容与特点，分别设计了系列具体的关键评估问题，支撑相应的“评估焦点”内容。

（四）评估标准与方式

根据该综合评估框架特点，在评估标准上，采取的是事实标准与价值标准相结合，前者如政策的效益、效率，后者如政策的适当性、公平性、充分性、回应性等；在评估方式方法上，主要采取“基于证据”（也称循证，evidence－eased）、“面向关键问题”的评估方式，定性评估与定量评估相结合，其中，“基于证据、面向关键问题”的评估方法是在多年来科技评估实践中，探索形成的适用、有效的评估实操方法。

上述四部分从评估路径、评估逻辑、评估要素、评估内容和评估方法等不同层面，相互支撑、相互衔接，共同构成系统、完整的中国科技创新政策综合评估框架。按照“政策目标—政策执行—政策效果”这一评估逻辑关系，在检验一项政策执行情况好与不好、政策是否实现了预期目标和效果的同时，也可反过来检验（回馈检验）政策制定环节政策本身（政策设计、政策方案）的质量，从而为该项政策的调整和完善，以及新政策的出台提供参考和依据。

三、政策价值与事实综合评估体系的构成

本书构建的中国科技创新综合评估框架的最大特点：突出体现了价值与事实评估相结合的理念、政策全过程综合评估的思路，以及科技创新政策评估的中国特色。在综合评估框架建构中，重要产出之一是形成了中国创新政策价值评估与事实评估有机结合的评估框架体系。

（一）价值与事实相结合的评估框架区块

本书借鉴了弗兰克·费希尔的“批判性复合主义”等评估思路，结合当前国内外科技创新政策评估的发展趋势，以及对中国科技创新政策的本土化研究，确立了价值评估与事实评估相结合的理念，并将其融入中国科技创新政策的综合评估框架设计中，在评估框架的主体要素、内容设计和标准方法等相关区块中给予相应体现。同时，充分考虑中国政策国情和本国科技创新政策的特点与实际，凝练提出了中国科技创新政策的价值特征，突出了其所包含政治功能、科技进步、经济效益、社会发展和生态进化等价值取向，并嵌入综合评估框架的评估视角中，体现了价值评估的要素。

（二）价值与事实综合的评估方法体系

针对以往科技创新政策评估框架忽视价值评估、缺乏价值评估内容、方法和标准等不足，本书在研究构建的综合评估框架中，结合中国科技创新政策的内容与特点，明确了价值与事实相结合的评估方法，弥补了这一缺陷和不足。在价值分析和判断层面，确定了价值评估标准，重点考察中

国科技创新政策本身或政策设计层面的适当性、公平性、充分性，以及政策目标群体、其他利益相关方、社会公众对政策实施效果的回应性等，并将价值标准与效益、效率等事实标准相结合。具体而言，在政策设计层面，着重考察中国科技创新政策的“五维”价值目标、主要内容与科技发展战略、立法和规划目标的相关性和契合度；政策目标与拟解决问题（如企业自主创新能力薄弱、高校和科研机构创新活力不足、科技成果转化渠道不畅、科技人员积极性激发不够、科技创新创业融资难、创新驱动发展的市场环境和社会环境不完善等）的针对性；政策内容的科学、合理性；政策的公平性和制定程序的公正性；政策方案（文本）的可操作性等。在政策实施效果层面，着重考察政策目标群体对政策效果的满意度评价，以及其他利益相关方、社会公众对政策效果的评价。

（三）事实评估与三层“五维”价值评估关联的逻辑框架

本书结合对科技创新及其政策评估的三层价值探讨分析，与事实评估相配套衔接，将凝练提出的中国科技创新政策“五维”价值特征融入综合评估框架中，重点关注五维价值目标的相关性、五维价值目标的执行程度，以及五维价值预期目标的实现情况等。如图 5 - 2 所示，在政策“目标”“投入、活动”“产出、成效、影响”三个层面，均将中国科技创新政策的五维价值目标内容嵌入评估“关键问题”设计中。其中，在政策目标（政策设计、政策方案）环节，重点考察中国科技创新政策五维价值目标及政策主要内容与中国科技发展战略、科技立法（如《科技进步法》《促进科技成果转化法》）和科技创新规划目标的相关性与契合度；在政策执行环节，重点关注中国科技创新政策五维价值目标执行情况；在政策效果环节，结合该“五维”价值导向，着重考察中国科技创新政策在政治、科技、经济、社会、生态等方面产出、成效和影响等，主要从政策目标群体的角度考察科技创新政策的行政取向、科技效用和经济效益，从社会公众的角度考察政策的社会效应和生态影响。

在评估证据采集和使用方面，合理借鉴国际通行的监测评估模型理念，将政策产出、成效和影响均纳入监测评估范围，同时通过各环节的评估监测设计（也结合“评估焦点”及“关键问题”的设计），确保评估证据的完整和有效采集，以做出评估结论有充分的事实和数据为支撑。同时，将基于客观证据、注重绩效评估的评估方法引入其中（在评估框架最后一部分“评估方法”中，也体现了基于证据、面向关键问题的评估思路），一方面有利于与国际评估接轨，另一方面也符合中国科技创新政策评估的新趋势和实践需求。

同时，在价值评估标准和中国科技创新政策“五维”价值目标之间，建立了紧密的评估逻辑关联，将“五维”价值目标作为价值评估的重点对象，通过价值评估标准来审视“五维”价值目标的适当性、公平性、充分性、回应性等。

四、政策三环节综合评估体系的构成

本书提出的中国科技创新综合评估框架采用了政策评估的广义概念，从更加宽广的视角来认识政策评估的内涵和范畴，即政策评估是对政策全过程的评估，既包括对政策效果的评估，还包括对政策制定（政策设计、政策方案）和执行情况的评估，区别于业界不少学者将政策评估主要看作对政策效果评估的观点。在建立起中国科技创新政策综合评估框架的同时，也相应形成了涵盖政策设计（制定）、政策执行和政策效果三个基本环节的全过程、系统完整评估体系。

（一）科技创新政策全过程的监测评估与反馈路径

完整的评估路径包括事前评估、事中评估与事后评估。中国科技创新综合评估框架覆盖了科技创新政策评估的事前、事中（过程）和事后（结果）三个评估时间节点，将政策设计、政策执行和政策效果三个基本环节均纳入了评估范围，整体考察，系统分析，综合评估，充分体现了评估的系统性和完整性。具体而言，以政策设计（制定）、政策执行和政策效果为逻辑主线，从前端、中端到后端，从目标监测到过程监测再到结果监测，建立了中国科技创新政策系统化的监测评估与反馈路径。

通过全流程的评估考察，各评估节点，从信息到判断，步步递进，能够为主观判断提供坚实的客观描述基础。同时，通过全过程的360度扫描和评估诊断，可以为政策是该继续实施、修改完善或终止等提供及时反馈，便于政策动态调整，也可为下一轮科技创新政策的制定提供决策支撑。

（二）涵盖政策“目标—过程—结果”的评估逻辑回路

围绕中国科技创新政策全过程的三个基本环节，本书建立了由政策“目标”“投入、活动”“产出、成效、影响”等评估要素组合形成的评估逻辑回路，并对评估要素、评估焦点与关键问题进行细化分解，支撑形成了中国科技创新政策全过程综合评估体系。

1. 政策“目标”层面

通常需要对科技创新政策文本（方案）的目标内容进行对标和评估分析，涉及政策设计评估。有的政策文本（方案）规定的政策目标是单一的，也有的是多重的，即包括总体目标和具体目标。如《科技规划纲要》的《配套政策》总体目标是为实施《科技规划纲要》营造激励创新的良好政策环境，促进企业成为技术创新主体，为建设创新型国家提供有力的政策保障。其具体目标包括科技投入、税收激励、金融支持、政府采购、引进消化吸收再创新、创造和保护知识产权、人才队伍、教育与科普、科技创新基地与平台和加强统筹协调等10个方面分目标。

2. 政策“投入、活动”层面

主要涉及科技创新政策的管理、实施部门（政策执行机构）和创新主体（政策目标群体，如企业、高校、科研院所等）这两类主体。前者，在投入方面，可包括人员、经费、规章制度等；在活动方面，包括制订工作方案、成立组织机构、开展政策宣传培训与辅导、受理政策申请、兑现政策优惠、进行落实政策的监督管理与考评等。后者，在投入方面，可包括人员、经费、仪器设备等；在活动方面，包括创新规划、研发投入、产学研合作、科技人才培养和使用，组织管理创新等与科技创新相关活动。此外，在该层面，还涉及影响政策执行的环境与条件等，如国内外科技、产业变革、创新发展环境与经济变化形势等。

3. 政策“产出、成效、影响”层面

既包括科技创新政策实施后带来的直接产出，如创新主体论文、专利、技术、产品等科技创新成果的产生；也包括政策实施的近期成效，如是否激发了创新主体及科技人员的积极性和创造性，增强了企业自主创新能力，实现了技术升级和产品更新换代，培育了一批高水平的科技创新人才与团队等；还包括了政策实施后带来的长期影响，如是否加快了创新型国家的建设进程，促进了我国产业转型升级和经济发展方式的转变等。结合中国科技创新政策的价值特征分析，关注和重视政策在政治、科技、经济、社会、生态等方面影响。

五、综合评估框架的中国适应性关联

（一）关于中国适应性的必要性分析

随着创新驱动发展战略的深入实施，以及政府职能的加快转变和对“放管服”的改革要求，中国从中央到地方都高度重视创新软环境营造，科技创新政策在国家创新治理体系中的地位更加凸显，政策内容及政策体系得到了发展和完善，同时也有着不同于西方的政策特色。本研究设计的中国科技创新政策评估框架，需要立足本国实际，与政策国情特点相结合，以提高评估框架的针对性和适应性，避免脱离现实需求。

1. 科技创新政策在国家创新治理体系中的重要性非常突出

2016 年，全国科技创新大会成功召开，标志着中国科技创新发展进行了一个崭新的阶段。“政策”已成为中国最高决策机关创新治理的重要战略工具，也成为政府科技管理部门的核心管理手段和工作抓手。习近平在全国科技创新大会上指出，政府科技管理部门要“抓战略、抓规划、抓政策、抓服务”。[①] 李克强强调，政府部门重点是“管方向、管政策、管引导、管评价”，并提供优质高效服务。[②] 党和国家领导人提出的“四抓”“四管”均涉及包括科技创新政策在内的“政策”工作（特别是重大科技创新政策的制定出台和落实），并且有鲜明的指向和导向，也显示出科技创新政策在推进国家创新治理能力和治理体系现代化进程中的重要性更加凸显。总而言之，当前党和国家领导人对科技创新及其政策的重视程度是前所未有的，将政策及评价工作摆在如此高的高度，在世界各国中也是罕见的。

2. 从中央到地方科技创新政策出台频率高、力度大

近十年间，随着创新驱动发展战略的提出和新一轮科技体制改革的启动与实施，表现更为明显。据有关部门2014年的统计数据，国家层面有效的科技法规政策文件超过600余件，政策内容涵盖企业、高校、科研院所、科技中介机构等各类创新主体，涉及供给面、需求面和环境面，覆盖从基础研究、技术开发和转移到产业化等创新链条的各个环节，包括了财税激励、知识产权、金融支持等多元化的政策工具，并且还在根据科技改革发展新形势和创新主体新需求，进一步探索和完善政策。2016年，国家层面新发布的重要科技创新改革政策文件达近百项。其中，以国务院办公厅以上名义印发的约占1/3。[③] 另据调查统计，自《科技规划纲要》实施以来到2013年底，各地方仅省级层面新制定出台的科技创新政策文件超过2000项，[④] 年均出台超过250项。同时，包括国家自主创新示范区、自主

---

① 全国科技创新大会两院院士大会中国科协第九次全国代表大会在京召开 习近平发表重要讲话［EB/OL］. http://cpc.people.com.cn/n1/2016/0531/c64094-28394355.html，2016-5-31.

② 李克强．深化简政放权放管结合优化服务 推进行政体制改革转职能提效能［EB/OL］. http://www.gov.cn/guowuyuan/2016-05/22/content_5075741.html，2016-5-22.

③ 国家科技体制改革和创新体系建设领导小组办公室．深化科技体制改革加快国家创新体系建设进展情况2016年度报告［R］. 北京：国家科学技术部，2017.

④ 国家科技评估中心．2013年度科技创新政策实施情况评估监测与分析报告，2014.

创新综合改革试验区、全面创新改革试验区等国家创新示范、试验区域，还在积极探索实施先行先试政策，如北京中关村“新四条”、江苏南京“科技九条”、湖北武汉“黄金十条”、山东济南“科技十一条”、四川省“激励科技人员创新创业十六条政策”等，各具特的区域科技创新政策体系在全国范围内加快形成。

3. 政策制定主体、模式等有不同于西方国家的鲜明特点

基于历史文化、政治制度、行政管理体制差异和社会发展阶段等不同，中国科技创新政策的制定模式有别于西方国家，在决策主体、议程设置模式和决策模式上形成了一定的自身特点，主要表现为：（1）政策的制定一般由党和政府主导进行，政策载体以规范性文件居多；（2）多数采取“自上而下”模式，即一般由中央及有关部门先出台全国性的总体政策，明确政策方向、总体要求和基本内容，再由各地方结合当地实际，出台贯彻落实的文件或本地区实施细则和操作办法；（3）政策制定主体上以“精英”为主体，包括“政治精英”和“知识精英”，前者主要指官员，后者主要是科学家与政策专家，突出了科学家的知识权威和官员政治权威；（4）受科学技术专业性、社会民主化和公民科学普及程度等因素影响，社会公众特别是普通群众对政策制定的参与度总体上还比较低。而在西方国家，科技创新政策的制定主体已经从精英主体过渡到共同体，利益集团和社会公众的政策参与日趋明显。①

（二）不适性问题与环节的破解路径

近十年来，中国的科技创新政策评估研究和实践取得了较大进展，但在科技创新政策的评估方法论建构，特别是在评估框架研究设计中，存在着一些与中国科技创新政策实际特点及政策管理需求与要求不相适应的情况，主要表现在以下三个方面。

① 李志军．重大公共政策评估理论、方法与实践［M］．中国发展出版社，2013.

1. 未充分考虑国情特点与评估发展趋势

评估是“舶来品”。中国将评估机制引入公共管理领域，时间还很短，尤其是运用国际评估经验时，本土化的研究还很不足。[①] 具体到科技创新政策评估研究领域，研究的起步较晚，相关理论方法的研究成果零散且数量十分有限，没有形成一套契合中国政策国情和科技创新政策特点的评估框架。从已有的相关研究成果看，对中国独特的行政文化和科技评估文化缺乏跟踪研究，对科技创新政策价值及科技创新政策评估在我国科技管理体系中的地位和作用认识不足，对政策制定（设计）环节关注不够，对科技创新政策的价值特征研究欠缺，不能适应全过程、全链条政策监督评估的需求，不能满足当前中国科技创新政策管理对加强政策预评估的需求，也不符合价值评估与事实评估融合发展的趋势。

2. 已有研究成果的实操性和指导性较为欠缺

包括科技创新政策评估在内的科技评估属实践性和应用性较强的专业性评判活动。为加强科技评估管理，建立健全科技评估体系，提升评估的专业化、科学化和规范化水平，2016 年科技部等三部门出台了《科技评估工作规定（试行）》。该规定对科技评估的主要内容、活动类型、评估结果使用等方面提出了明确要求。在开展科技创新政策评估研究过程中，除了要加强前沿科技评估理论和科技创新政策理论研究外，还需要与当前中国对科技创新政策实践和评估需求相契合，与《科技评估工作规定（试行）》的基本规定和要求相适应。例如，《科技评估工作规定（试行）》中明确提出的，对重要科技政策的制定出台应当开展事前评估，对实施周期 3 年以上的科技政策要根据工作需要开展事中评估，对于有时效性的科技政策实施结束后应当开展事后绩效评估等内容要求。目前来看，已有研究成果理论探讨的多、实践应用的少，单“点”聚焦多（如对政策效果方面）、“面”上综合诊断少，对科技创新政策评估实践与科技创新政策管理的指导性和参考性较差。

---

① 方衍，田德录．中国特色科技评价体系建设研究［M］．北京：科学技术文献出版社，2012.

3. 不能适应现代化的科技创新管理需求

当前中国正大力推进政府职能转变，促进创新治理现代化，特别是治理能力和治理体系的现代化，这对科技创新政策及其管理提出了新的要求。关于国家创新治理现代化，国内学界的主流观点认为，应包括创新主体的现代化、创新治理结构的现代化和创新政策的现代化三个方面。[①] 其中，创新政策现代化是国家创新能力和治理体系现代化的关键要素或重要标准之一，要实现国家创新能力和治理体系现代化离不开创新政策转型、政策管理流程再造及科技创新政策评估的升级。与此同时，随着政府科技管理职能的加快转变，更加注重科技创新决策的科学化、民主化，更加注重政策制定出台前的质量把控、实施过程的监督评估，以及政策结果的跟踪问效，迫切需要在科技创新政策评估的方法论层面，特别是评估框架或模型上跟进提升和匹配支撑。

为破解上述不适应问题和环节，提高政策评估的中国适应性，本书在探索建构中国科技创新综合评估框架中，主要采取了以下研究路径：

第一，立足政策国情特点，加强科技创新政策评估的本土化研究。中国科技创新政策及其评估研究，既借鉴参考了国际经验，特别是西方发达国家的有益经验和做法（如在政策预评估、科技创新决策的科学化民主化、评估的制度保障，以及评估结果的使用等方面），取其精华、去其糟粕，又立足国情和中国政策实际，没有照搬国外模式。特别是注重结合当前中国基本政治制度、科技创新决策机制和科技创新政策的制定模式，着力加强科技创新政策评估理论方法的本土化研究，强化实践探索，体现中国特色。同时，在中国，科技创新政策评估通常是科技政治程序的一部分，政府部门采用何种评估模式和评估类型，以及采用程度深浅，也会受到政府行政管理文化的影响，在评估研究设计时，也考虑到了这一现实情境。

第二，紧扣评估实际需求，坚持科技创新政策评估的理论研究和与实践结合。评估作为一项实践性很强的活动，需要理论做指导，没有理论指

① 孙福全．推进国家创新治理体系和治理能力现代化［EB/OL］．http：//digitalpaper. stdaily. com/http_www. kjrb. com/kjrb/html/2014 - 11/03/content_282414. htm? div = -1,2014 - 11 - 3.

导的评估将失去方向，科学性也将受到质疑。同时，评估是管理的一个环节，也需要立足于实践，与评估对象和内容紧密关联，没有实践作为基础，科学评估将成为一句空话。因此，本书在设计科技创新政策评估框架过程中，一方面，对国内外相关领域的评估理论方法进行了大量研究，合理吸收其可吸收益处；另一方面，与新时期中国科技政策管理的要求及其对评估的实际需求紧密结合，避免过于理想化、理论化和学究化，以至于远离科技创新政策实践需求，无法“落地”，被“束之高阁”。总体原则是，坚持理论研究和评估实践有机结合，并加强实际应用，以充分发挥科技创新政策评估研究的价值和效应，保持研究成果的生命力。

第三，适应创新治理现代化要求，探索开发科技创新政策评估的新方法、新模式。科技创新政策是创新治理体系中的重要一环，评估是改进和完善创新管理的重要工具和手段。本书在科技创新政策评估研究中，将研究视野放置于当前实施创新驱动发展战略、“渐进式”科技体制改革的背景下，以及加快推进国家创新治理能力和治理体系现代化进程中，结合新时期科技管理改革要求和现代政策管理的新趋势、新特点，积极探索符合中国特色的科技创新政策评估方法论，实现从理论到实践不断循环上升的过程。

（三）与国情特点和政策实际的融合

通过对科技创新政策综合评估框架中国适用性的必要性分析，对存在的不适用问题和环节的梳理总结，以及对存在问题的破解方法与路径研究，本书提出的科技创新政策综合评估框架与中国科技创新政策的内容特征、发展趋势和评估实践需求进行了有机对接和融合，较好实现了与中国国情特点和科技创新政策实际的融合，有效提升了评估框架指标的适应性和针对性。具体表现在：一是结合中国科技创新政策制定出台的机制与模式，以及以往在政策“预评估”环节比较薄弱的现实情况与特点，综合考虑跟踪研究中发现的部分政策在设计环节存在缺陷和不足，以及政策受众的需求反馈，在政策设计环节将评估的重点聚焦为政策的科学性、合理性和可操性，针对性地考察中国科技创新政策的设计质量与水平。二是在政策三个基本环节的评估“关键问题”设计方面，与中国科技创新政策的出台背景和依据、拟解决的关键问题、政策实施主体、政策实施对象，以及影响政策实施的环境与条件等紧密结合，充分体现了中国的政策国情与科技创新政策的发展实践与实际特点。三是将中国科技创新政策的政治功能、科技进步、经济效益、社会发展和生态进化等价值特征内容，充分体现在相关评估维度和评估视角中，突出了中国科技创新政策的价值功能及评估导向。

需要特别说明的是，本书构建的中国科技创新政策综合评估框架，定位为科技创新政策综合评估的基础性指导框架，而非针对某一具体政策（如具体到企业研发费用加计扣除政策、企业研发仪器设备加速折旧政策、股权和分红激励政策或高新技术企业税收优惠政策等）的评估操作性指南。结合我国科技创新政策的类型特点，以及单一性和复合型政策的评估需求，在框架设计时，包括对政策制定、执行和效果各阶段评估焦点及关键问题的设计，更多体现一般性内容和要求，以便为不同类型政策提供参考。

第六章

中国科技创新政策综合评估指标体系设计

评估指标是政策评估研究的一项重要内容，也是科技评估实践中常用的工具和方法，构建科学、适用的评估指标体系是科技创新政策评估有效开展的基础和保证。为了使第五章研究构建的中国科技创新政策综合评估框架及相关评估标准转化为可实操、可测度的评估工具方法，本章根据系统性、针对性、可操作性、指导性和可拓展性等原则，以及政策评估指标体系设计的基本流程和方法，研究设计了一套与综合评估框架相对应的评估指标体系，与上述综合评估框架形成系统配套、相互支撑。

一、综合评估指标设计的依据和原则

（一）指标体系构建依据

本书提出的中国科技创新政策综合评估框架，定位于提供一个概念或理论化成分较浓的基本指导框架，主要提供评估的逻辑框架和理念引导，离评估操作和实践应用还有一段距离，需要将其评估思想、逻辑关系和核心要求进一步转换和体现为可测量、可操作的评估指标体系。通过构建形成评估指标体系，对中国科技创新政策过程的各个环节进行客观评估，科学诊断相关政策设计、实施情况及效果，指出问题所在，并提出相应的改进建议。

一方面，为科技创新政策综合评估信息采集和评估活动开展提供工具方法。评估指标选取的好坏，将直接影响到评估的结论。科技创新政策评估过程中，要根据一定的标准、程序要求采集评估事实和证据信息，需要采集何种类型的评估信息，采集范围有多大，到哪里去收集，以及收集的方式等，需要有一定的指标提供依据和指引。同时，评估指标体系是由表征评估对象各方面特性及其相互联系的多个指标所构成的具有内在结构的有机整体，是评估的重要的方法论工具，建立了评估指标体系，可为科技创新政策评估具体活动的开展提供有力的方法支撑。

另一方面，提高科技创新政策综合评估的专业化和规范化水平。科技创新政策评估指标体系的研究和发展，是科技创新政策评估走向专业化和规范化的基本体现。当前，在我国科技创新政策评估研究中，对评估指标已有一些初步探索，但尚未形成一套业界普遍认可的评估指标体系，在具体评估活动中也存在对评估指标关注、重视不够的现象，这不利于提升我国科技创新政策评估的专业化和规范化发展。为此，研究探索构建一套符合我国科技创新政策特点、具有较强针对性的评估指标体系，既是科学、客观、合理反映科技创新政策的属性和评估重点的需要，也是提高评估质量和水平的内在要求。

（二）指标设计原则

中国科技创新政策综合评估指标设计原则的总体考虑：一方面，立足于研究构建的科技创新政策综合评估框架，充分体现中国科技创新政策属性、特点及综合评估的要求，并结合科技评估指标的设计原则要求，处理好定量和定性指标相结合，直接和间接指标配套使用，指标体系的系统性、覆盖范围与重点性、针对性，指标的互斥性与相关性的有机结合，指标体系的系统性和简洁性等五对基本关系；[①] 另一方面，适当吸收世界银行等国际组织及许多国家在评价工作中普遍遵循的评价指标体系设计准则——SMART 准则，与国际评估理念和原则适度接轨，保证指标的效度和

① 国家科技评估中心．科技评估指标体系的设计原则是什么？［EB/OL］．http：//www.ncste.org/data/1133.jhtml，2002 - 10 - 13.

信度。主要原则如下。

1. 系统性原则

科技创新政策系统是个复杂系统，各子系统间密切相关，不能仅从某个侧面、某个环节或某个阶段进行简单评价。如第四章所述，科技创新政策综合评估各环节高度关联，政策制定、执行和效果环环相扣、相辅相成、循环反馈。建立的指标体系应涵盖科技创新政策的制定（设计）、执行和效果等主要环节，覆盖政策的全过程。同时，将价值和事实评估相结合的评估理念贯穿于中国科技创新政策综合评估框架中；研究设计的评估指标体系中，应既包括事实评估类指标，也包括价值评估类指标（特别是对政策定位、政策目标和政策功能等的评价），做到价值评估指标与事实评估指标有机结合。从综合要求看，设计的评估指标要能充分反映中国科技创新政策综合评估的系统性特征，体现指标的系统性和整体性，以及指标间的层次性、不同维度指标的有机统一，不能遗漏重要方面或有所偏颇，同时又要体现评估的重点。

2. 针对性原则

建立的指标体系要符合科技创新政策系统的内涵和运行规律，客观、真实地体现我国科技创新政策的属性，契合评估对象的内容和特点，经得起指标的效度检验。要适当体现区分于一般公共政策特征、突出科技创新政策特点的特色指标。例如，近年来国内出台的很多科技创新政策，一方面研究借鉴了国外经验和国际规则；另一方面结合本国实际进行了创新，较以往政策内容，实现了不同程度的政策突破，政策“创新性”等指标需要纳入考察，以提高创新政策评估指标的针对性。同时，在满足评估目标、保证评估质量的前提下，尽可能简化指标，在系统性、针对性和简洁性之间寻求适当平衡。

3. 可操作性原则

建立的指标体系具有现实性，指标数据可获取，且信息获取的成本可接受，最好可通过公开报告资料（如《中国科学技术发展报告》《中国科学技术指标》、科技统计资料汇编，以及国外发布的科技创新政策报告等）、官方统计数据（如国家统计局、科技部、财政部三部门就全国科技经费投入统计公报数据，财政部、税务总局发布的财税政策数据，科技部、地方科技管理部门等官网或其他渠道公开的政策实施情况数据）、问卷调查（如面向全国各省（自治区、直辖市）和计划单列市科技型企业、高校及科研院所等开展的问卷调查）、实地调研、面访交流或电话访谈等常用方式方法采集到，便于跟踪监测和对比。坚持定量指标和定性指标相结合，在条件允许的情况下，应尽量采用定量和客观指标来描述，尽可能避免或减少凭感觉的主观判断，以及人为因素对指标测度的干扰。合理控制指标体系的规模，避免指标过于庞杂、繁复，对于一些对评估结论影响不大又难以测量的指标可适当舍弃。

4. 指导性原则

建立的指标体系具有明确的评估导向和政策导向，能够引导评估主体、被评估对象及评估利益相关方（通常涉及国家科技创新政策的制定和执行主体，包含国家相关部门和地方政府，涉及科技型企业、高校、科研院所等政策目标群体，还涉及科技界的广大科研人员和社会公众）朝正确的方向、目标发展，为科技创新决策和管理提供有力依据与参考。例如，在科技创新政策评估中，通常采用的政策相关性指标，可以引导相关政策制定部门在后续政策设计时，多关注政策与国家科技创新发展战略、规划方向和重点的相符性，以及与国家科技领域相关法律法规、WTO 等国际规则的符合程度；政策协调性指标可以引导相关部门和地方多关注不同层级科技创新政策（如国家层面出台的与地方层面出台的）之间，以及科技创新政策与经济、社会等领域相关政策间的衔接、协同，避免政策间相互冲突；政策满意度指标可以引导政策制定部门和执行机构多关注政策在目标群体中的实际受益情况，以及政策目标群体对政策实施效果的切实感受和评价反馈。

5. 可拓展性原则

中国科技创新政策通常涉及科技投入、税收激励、金融支持、引进消化吸收再创新、政府采购、教育与科普、知识产权、创新基地与平台等方方面面，政策内容丰富、类型多样，无法用一套评估指标解决所有细分政策的评价问题。建立的中国科技创新政策综合评估指标体系应保持适度的张力和开放性，允许结合评估的具体对象、目的、要求、侧重点和不同评估阶段，适当灵活调整、细化和优化有关指标。对于特定具体政策（包括正在试点的政策）的评估，指标的构建要考虑其个性化需求，留有设置下一级细化指标的空间和余地。

二、综合评估指标体系的设计流程与方法

（一）指标层次结构和指标体系确定

在本书构建的中国科技创新政策综合评估框架的指导下，依据其评估指标体系设计的基本原则，设计指标体系的层次结构及初步的一级指标体系。根据系统性和指导性等原则，在指标体系层次结构上，应涵盖中国科技创新政策制定（设计）、政策执行和政策效果三个维度（环节），充分体现综合评估框架的关注重点和逻辑关系。一级指标体系的研究设计，要搭建在这样的层次结构上，并与之有效衔接。

在政策制定（设计）维度方面，指标的设计要关注科技创新政策的设计是否科学、合理，包括政策的相关性如何，目标定位是否清晰、准确，问题的针对性强不强，操作性如何，是否符合公平公正原则等。

在政策执行维度方面，要选取关乎科技创新政策资源投入、执行机构、目标群体，以及影响政策执行环境因素等的关键指标。

在政策效果维度方面，选择的衡量指标既要反映政策预期效果的实现情况，又要体现非预期的政策效果，同时还应特别关注政策目标群体及有关利益相关方对政策实施效果的反映和评价。鉴于中国科技创新政策具有政治功能、科技进步、经济效益、社会发展和生态进化等五维价值取向，因此需要关注被评价政策在政治、科技、经济、社会、生态等方面所产生的影响。

（二）指标检验和修订

一级指标体系初步建立后，需要进行检验和修正，以增强评估指标的科学性、合理性与可操作性。主要采用以下方法。

1. 自我检验

将初设的一级指标逐项对照指标体系设计原则、科技创新政策综合评估关注的重点和有关要求等进行筛选，调整或删除不符合相关标准要求的指标项，完善和优化指标内容，确保实现指标体系的系统性、科学性和指标设计逻辑的严密性。

2. 专家检验

邀请科技评估、科技创新政策研究和评估等领域专家，以及来自政府科技管理部门、高校、科研院所和科技型企业的相关专家进行指标筛选，逐项删除偏离度高、隶属度低的指标，并综合各方意见进行指标体系与内容的调整和完善。

3. 实证检验

从单一性和复合型政策中，选取典型政策案例进行试评估，从实证角度进一步检验指标体系及各项指标的科学性及适用性。根据实证检验发现的问题，进一步修改完善指标体系。综合以上检验方法和指标修正，最终确定一级指标体系。

（三）指标体系操作系统设计

一级指标确定后，可根据评估需求细化提出下一级评估指标，并通过上述方法循环进行检验和修正。待整个评估指标体系内容确定后，再为指标体系设计详细的操作系统，包括各项指标的含义说明、所占权重、证据获取方法及指标评分和综合评级标准等，便于操作实施。

三、综合评估指标体系的建立

（一）综合评估指标体系基本构成

根据中国科技创新政策综合评估框架的主要内容、评估逻辑和核心关注点，及其对配套评估指标体系的需求，按照上述指标体系设计原则，本研究构建了中国科技创新政策综合评估指标体系（见表6－1）。

表6－1　　中国科技创新政策综合评估指标体系

目标层	环节准则层	一级指标	二级指标	指标含义说明	证据来源及方法
中国科技创新政策综合绩效	政策设计（科学合理可操作）	1. 相关性	1.1 需求相符性	与国家科技创新发展战略、规划的方向、目标、任务重点及政策需求的相符性	文献分析、政策制定官员访谈、专家判断
			1.2 合法合规性	与国家科技创新领域相关法律法规，以及WTO等国际规则的符合程度	文献分析、专题研究、专家判断
		2. 科学性	2.1 目标明晰度	政策目标是否具体明确、可考核	文献分析、专家判断
			2.2 问题针对性	政策目标、内容与拟解决科技创新问题的针对性	文献分析、政策制定官员访谈、政策目标群体访谈
			2.3 程序完整性	从议程设立、方案规划，到方案的合法化等政策程序是否完整，政策论证是否充分	文献分析、政策制定官员访谈、专家判断
		3. 适当性	3.1 公平性	是否存在政策歧视现象，是否符合普惠性创新支持政策方向	文献分析、政策目标群体访谈、专家判断
			3.2 创新性	是否引入了国际/国内先进的政策理念和政策工具，是否符合科技创新发展规律和特点	文献分析、官员访谈、比较分析、专家判断
		4. 可操作性	4.1 概念界定清晰度	政策涉及的概念是否清晰，是否会产生歧义	文献分析、专家判断
			4.2 参数的具体化程度	政策文本涉及的各项优惠、奖励或激励措施是否具体明确，或是否有操作办法做出规定	文献分析、专家判断

续表

目标层	环节准则层	一级指标	二级指标	指标含义说明	证据来源及方法
中国科技创新政策综合绩效	政策执行（执行力度和管理效率）	5. 政策资源的充足性		政策执行所需的经费、人力、信息等资源是否充分	文献分析、官员访谈、实地调研、专家判断
		6. 组织管理保障度	6.1 工作机制	政策执行机构是否采取了推动政策落实的有效工作机制（包括宣传解读、协同落实、监督检查、考核评价等）	文献分析、官员访谈、实地调研、专家判断
			6.2 管理效率	政策执行机构及人员对政策的贯彻执行是否按计划和时间进度推进，是否迅速、高效	文献分析、官员访谈、实地调研、专家判断
		7. 政策协调性		不同层级政策的衔接配套，与经济、社会等领域相关政策，以及与本领域其他相关政策的协调衔接程度	政策文本分析、官员访谈、政策目标群体访谈、案例分析、专家判断
		8. 政策便捷性	8.1 细则流程的公开透明度	政策配套的细则及流程是否公开和清晰	政策文本分析、政策目标群体访谈、实地调研
			8.2 程序的简便性	政策操作流程是否方便、不烦琐	政策文本、分析、政策目标群体访谈、实地调研
	政策效果（预期目标实现度及政策影响）	9. 政策产出	9.1 政策知晓度	政策目标群体（包括企业、高校、科研院所等）对政策的了解和熟悉情况	官方统计数据、政策目标群体问卷调查
			9.2 政策受益面	政策目标群体中，享受到政策优惠者数量占符合政策条件者数量的比例	官方统计数据、政策目标群体问卷调查
		10. 预期目标实现度		政策制定环节所设计的政策预期目标（包括“五维价值”相关导向目标）的达成情况	政策文本分析、问卷调查、实地调研和访谈、案例分析、比较分析
		11. 政策影响		政策实施后产生的远期影响，包含在政治、科技、经济、社会、生态等方面的影响（正面的和负面的，直接的和间接的）	文献分析、实地调研和访谈、案例分析、比较分析
		12. 政策满意度	12.1 政策认同度	政策导向及价值被政策目标群体等有关利益方接受和认可的程度	问卷调查、政策目标群体和利益相关方访谈、政策的网络舆情分析
			12.2 公众满意度	社会公众，尤其是政策目标群体对政策实施效果的满意程度	问卷调查、政策目标群体访谈、政策的网络舆情分析

按照层次分析法的有关思路和要求，将该指标体系设置为目标层、环节准则层和指标层。其中，目标层为中国科技创新政策综合绩效评估；环节准则层由政策设计、政策执行和政策效果三个方面（环节）构成；指标层包括两级指标：一级指标12个；二级指标17个。

该指标体系融合了中国科技创新政策评估朝后实证主义发展的趋势要求，特别是价值评估和事实评估相结合、政策全过程综合评估的理念和思路，体现了中国科技创新政策的特点，并融入评估指标设计体系中。

（二）价值与事实综合评估的指标体系

中国科技创新政策综合评估指标体系的建构，体现了科技创新政策价值评估与事实评估相结合的理念。评估指标设计过程中，遵循系统性原则，设计的指标既包括基于理性客观标准的事实评估类指标，也包括基于社会政治标准的价值评估类指标，突出了价值评估与事实评估相结合，同时一定程度上也凸显了价值评估指标，特别在政策设计方面。如表6－2所示，根据对评估指标的分类，该综合评估指标体系的12个一级指标中，价值评估类指标有5个，事实评估类指标有7个；17个二级指标中，价值评估类指标有9个，事实评估类指标有8个。①

表6－2　中国科技创新政策综合评估指标的具体分类

目标层	环节准则层	一级指标	指标类别	二级指标	指标类别
中国科技创新政策综合绩效	政策设计	1. 相关性	价值评估类指标	1.1 需求相符性	价值评估类指标
				1.2 合法合规性	价值评估类指标
		2. 科学性	价值评估类指标	2.1 目标明晰度	价值评估类指标
				2.2 问题针对性	价值评估类指标
				2.3 程序完整性	价值评估类指标
		3. 适当性	价值评估类指标	3.1 公平性	价值评估类指标
				3.2 创新性	价值评估类指标
		4. 可操作性	事实评估类指标	4.1 概念界定清晰度	事实评估类指标
				4.2 参数的具体化程度	事实评估类指标

① 主要依据公共政策评估“基于理性客观”事实标准与“基于社会政治”价值标准的分类方法（参见表2－6），结合文中中国科技创新政策综合评估指标的名称、含义说明（参见表6－1）及分析，给出上述“价值评估类”指标和“事实评估类”指标的分类。

续表

目标层	环节准则层	一级指标	指标类别	二级指标	指标类别
中国科技创新政策综合绩效	政策执行	5. 政策资源的充足性	事实评估类指标	—	—
		6. 组织管理保障度	事实评估类指标	6.1 工作机制	事实评估类指标
				6.2 管理效率	事实评估类指标
		7. 政策协调性	价值评估类指标	—	—
		8. 政策便捷性	事实评估类指标	8.1 细则流程的公开透明度	事实评估类指标
				8.2 程序的简便性	事实评估类指标
	政策效果	9. 政策产出	事实评估类指标	9.1 政策知晓度	事实评估类指标
				9.2 政策受益面	事实评估类指标
		10. 预期目标实现度	事实评估类指标	—	—
		11. 政策影响	事实评估类指标	—	—
		12. 政策满意度	价值评估类指标	12.1 政策认同度	价值评估类指标
				12.2 公众满意度	价值评估类指标

从政策设计、政策执行和政策效果三个环节的细分看：

政策设计环节：一级指标共4个，其中价值评估类指标占3个，事实评估类指标占1个；二级指标共9个，其中价值评估类指标占7个，事实评估类指标占2个。

政策执行环节：一级指标共4个，其中价值评估类指标占1个（未再细分成二级指标），事实评估类指标占3个；二级指标共4个，均为事实评估类指标。

政策效果环节：一级指标共4个，其中价值评估类指标占1个，事实评估类指标占3个；二级指标共4个，其中价值评估类指标占2个，事实评估类指标占2个。

上述各环节、各类评估指标相互补充、配套衔接，共同构成了中国科技创新政策价值与事实综合评估的指标体系。

（三）政策三环节综合评估的指标体系

中国科技创新政策综合评估指标体系的建构，体现了科技创新政策全过程、全周期、全链条综合评估的思路。总体做法是，基于本研究提出的中国科技创新政策综合评估框架，按照政策设计（制定）、政策执行和政策效果三个主要环节（维度），构建形成中国科技创新政策综合评估指标体系框架。具体而言，由政策设计、政策执行和政策效果构成评估的环节准则层，并在此基础上综合形成评估的目标层，即中国科技创新政策综合绩效。在政策设计、政策执行和政策效果各环节准则层下，分别设置一级指标和二级指标，并赋予指标具体内涵解释，提供证据来源及方法。根据不同环节评估内容的差异，为了使评估指标体系更具科学合理性和现实可操作性，对于政策设计环节的评估指标设计，突出价值评估标准，以价值评估类指标为主；对于政策执行和政策效果环节的评估指标设计，突出事实评估标准，以事实评估类指标为主，同时兼顾价值评估类指标。

1. 政策设计环节的评估指标

该环节主要由相关性、科学性、适当性和可操作性 4 个一级指标和对应的 9 个二级指标构成，关注政策目标和内容是否体现了中国科技创新政策的价值特征，着重考察政策设计是否科学合理可行。各指标选择理由、细分依据和内容说明如下。

（1）相关性是国际评估界常用的一项重要科技评估指标，也是考察科技创新政策设计环节的核心评估指标之一。结合当前中国科技创新政策制定需求和有关要求，选取需求相符性和合法合规性两个作为二级指标。其中，前者主要考察被评估政策的目标和内容与国家科技创新发展战略（如当前的创新驱动发展战略，主要顶层设计文件为《国家创新驱动发展战略纲要》）、重大规划（如《国家中长期科学和技术发展规划纲要（2006—2020 年）科技规划纲要》《“十三五”国家科技创新规划》）方向和重点的契合程度。后者需要考察其与国家科技领域相关法律法规，以及 WTO 等国际规则的符合程度，主要理由和依据是作为科技创新领域的政策，在国内方面，既要符合该领域上位法律法规（如《中华人民共和国科学技术进步法》（2007 年修订）和 2015 年新修订的《中华人民共和国促进科技成果转化法》等）的要求，不能与之相违背或相冲突；涉外方面，由于科技创新政策涉及财政补贴、税收优惠、政策性金融、政府采购等支持企业的实际措施，从政策内容到具体条款表述上还应符合 WTO 相关规则，如最惠国待遇、国民待遇及补贴与反补贴协议条款和政府采购协定等，避免引起国外质疑和导致政策推行受阻。

（2）科学性是对科技创新政策设计的基本要求，也是重要的评估指标，是典型的价值评估类指标。科学的政策必然是经过充分调查研究、目标清晰、突出问题导向，并且要经过规范和完整论证程序才能出台的政策，这也是确保政策质量的根本保障，故选取目标明晰度、问题针对性和程序完整性作为其二级指标。

（3）适当性是衡量科技创新政策设计是否恰当、合理的重要指标，也是典型的价值评估类指标。当前，中国科技创新政策的发展趋势是越来越朝着公平和普惠的方向发展，特别在扶持企业创新的财税和金融政策方面，国家层面已提出了明确要求。同时，由于科技创新具有不确定性和变化迅速的特点，加上目前从中央到地方都在大力推进大众创业、万众创新，中国的创新环境正在发生显著变化，以科技人员为主体的创新创造创业蓬勃兴起，新的创新模式和业态也在不断涌现，对政策创新提出了现实迫切要求。鉴于上述背景和考虑，选择公平性和创新性作为适当性的二级指标。

（4）可操作性在此强调的是科技创新政策文本规定是否易于操作实施，这也是衡量政策质量的重要指标之一，关系到目前科技界和社会公众普遍关注的政策落实的“最后一公里”问题。结合中国科技创新政策文本内容特点，选取概念界定清晰度和参数的具体化程度作为其二级指标。前者主要关注政策涉及的概念是否清晰、易于理解，后者主要关注政策文本涉及的各项优惠、奖励或激励措施是否具体明确和可操作。

2. 政策执行环节的评估指标

由政策资源的充足性、组织管理保障度、政策协调性和政策便捷性 4 个一级指标和对应的 4 个二级指标构成，涉及政策资源投入、执行机构、目标群体（创新主体）等相关主体和对象及其互动关系，着重考察政策执行的力度和效率。各指标选择理由、细分依据和内容说明如下。

（1）政策资源的充足性指的是科技创新政策执行所需的经费、人力、信息等资源是否充分，能否满足工作需要，而足够的政策资源正是政策执行的基础条件。

（2）组织管理保障度是对有关政府部门（涉及中央和地方层面）政策组织实施和管理水平的考评指标，根据中国科技创新政策管理工作重点，主要选取工作机制和管理效率两个二级指标进行考察。

（3）政策协调性主要考察不同层级（如中央和地方，以及地方层面的省、市、区县等）政策的衔接配套，科技创新政策与经济、社会、生态等领域相关政策，以及与本领域其他相关政策的协调衔接程度，属价值评估类指标。近年来，在大力实施创新驱动发展战略、建设创新型国家的背景下，从中央到地方出台了大量科技创新政策，经济、社会、生态等领域政策也层出不穷，相关层级和领域政策间的协调衔接情况是政策执行中评估关注的内容之一，这也是影响政策能否有效执行的基础性因素。相关政策的衔接协调情况可反映出国家相关部门和地方在科技创新政策层面的认识理解和协同联动情况。

（4）政策便捷性，特别是政策的公开、透明、清晰和流程简便、易操作是政策目标群体特别关注的内容，也是影响政策执行的重要因素，在支持科技创新的税收、金融等政策方面表现更为明显。结合中国企业、科研院所、高校等政策目标群体的关注重点，主要选取细则流程的公开透明度和程序的简便性作为二级指标考察。

此外，政治、经济、社会环境和条件的变化，也将成为影响政策执行的因素，在评估过程中也要有相应的关注。

3. 政策效果环节的评估指标

由政策产出、预期目标实现度、政策影响和政策满意度 4 个一级指标和对应的 4 个二级指标构成，涉及政策产出、成效和影响，着重考察政策预期目标（包括“五维价值”相关导向目标）实现情况，以及政策实施带来的政治、科技、经济、社会和生态影响。政策的公众回应性也是要考察的一个重要方面。各指标选择理由、细分依据和内容说明如下。

（1）政策产出是政策实施所带来的最浅层、最直接的结果，根据重要性、可采集性等标准，选取了政策知晓度和政策受益面作为二级指标。从我国国科技创新政策实践看，知晓政策的受众数和享受政策的受众数这两个客观数据指标（事实评估类指标），将直接影响政策的成效、广度和深度。

（2）预期目标实现度则是考察政策效果最为重要的指标，也是政策目标管理的核心关切，需要与政策制定环节所设计的预期目标对照衡量。

（3）政策影响是政策实施后产生的远期影响，包括正面的和负面的，直接的和间接的。结合中国科技创新政策的五维价值特征，需要综合考察在政治、科技、经济、社会、生态等方面的影响，特别是价值目标的体现。

（4）政策满意度是衡量政策回应性标准的核心指标，也是检验政策成功与否的重要标准，主要从政策目标群体、社会公众对政策的认可度和获得感来体现。据此，细分为政策认同度、公众满意度两个二级指标。政策满意度指标及其二级指标均属价值评估类指标。

随着科技创新政策的科学化、民主化发展，需要强调政策制定、实施和评估过程中以公众为代表的社会参与，实现政策过程逐步由政府—科学家（专家）二元主体，向政府—科学家（专家）—公众三元主体转变。同时，特别指出的是，在衡量政策效果时，应注意把握和厘清政策措施和政策影响的因果关系，即需说明为什么会发生这些结果，以及政策措施在其中所发挥的作用等，以提高评估结果的可靠性和可信度。

（四）中国特色的综合评估指标体系

中国科技创新政策综合评估指标体系的建构，体现了中国科技创新政策的特点。在评估指标体系设计时，充分考虑了中国科技创新政策的属性和内容特征，及其与国家科技创新发展战略、国家科技领域相关法律法规和 WTO 等相关国际规则的关联和衔接；具体科技创新政策的设计和实施是否符合当前国家倡导的普惠性、精准性（问题针对性）的政策方向，是否符合科技创新发展规律和特点，与经济、社会等领域相关政策和本领域其他相关政策的协调衔接程度；中国科技创新政策的政治功能、科技进步、经济效益、社会发展和生态进化等五维价值取向是否得到合理体现，特别是对政策目标和政策影响的考察方面等。

四、指标的权重与评级

（一）指标的权重设计及方法

鉴于本书设计的中国科技创新政策综合评估指标体系，主要面向已发布实施的政策，政策的执行情况和效果属于需要重点关注和评估的内容。同时，鉴于政策设计在科技创新政策过程中的特殊作用，以及当前科技创新政策领域对政策设计层面和价值评估的愈发关注，在考察评估已实施政策执行情况和效果的同时，还需要同步反观政策设计层面和政策本身的质量与水平。根据本评估指标体系的应用定位，结合上述对政策设计、政策执行、政策效果各自在政策过程中的位置和重要性的分析，在综合考虑科技创新政策研究、评估领域专家和科技政策管理部门意见的基础上，研究确定了指标体系环节准则层中三者的指标权重，即政策设计环节占20%，政策执行环节占30%，政策效果环节占50%，三者间的比例关系为2∶3∶5。

在此基础上，采用实践经验法及与专家咨询评议相结合的方法，按照指标的重要性排序，赋予其一级和二级指标的权重。具体做法是，根据对中国科技创新政策的评估主体、环节、要素和各主要环节的评估焦点与关键问题分析，以及对相关指标内容的以往评估实践经验总结，对政策设计、政策执行、政策效果各环节准则层之下的每个一级和二级指标的重要性进行初步排序，并听取科技创新政策研究和评估等相关领域理论与实务专家的咨询意见，结合咨询评议结果，研究确定一级和二级指标的具体权重。

从综合分析结果看，在政策设计准则层的一级指标赋权方面，由于相关性、科学性、适当性和可操作性几个一级指标，分别从不同角度反映政策设计的质量和水平，四者缺一不可而又相互补充，具有同等的重要性，故给予平均赋值，各占5%的权重。在政策执行准则层的一级指标赋权方面，政策资源的充足性、政策协调性属于影响政策执行的基础要素指标，组织管理保障度和政策便捷性属于关键指标，在政策实践中对确保政策有效执行和落地实施尤为重要，故赋予后两者较前两者更多权重。在政策效果准则层的一级指标赋权方面，最重要的指标是预期目标实现度，这也是政策效果评估需要重点回答的关键问题，故赋予最高权重，达25%；政策影响、政策满意度属政策延伸效应指标和政策回应指标，重要性次之，各给予10%权重；政策产出相较前三者，属于较浅层次的效果，故指标权重低些，权重占5%。

在政策设计准则层的二级指标赋权方面，由于需求相符性、公平性和参数的具体化程度在其对应的一级指标中，是政策制定评估层面的突出关注点，重要性更为明显，故赋予较高权重；程序完整性在科学性的三个二级指标中的重要性较目标清晰度和问题针对性弱些，故赋予较低权重。在政策执行准则层的二级指标赋权方面，工作机制和管理效率、程序的简便性和细则流程的公开透明度分别在其所对应的一级指标（两项一级指标各占10%权重）中的重要性相当，故给予平均赋值，各赋值5%。在政策效果准则层的二级指标赋权方面，政策满意度中的公众满意度的重要性明显高于政策认同度，这也是反映政策回应性的最主要指标，故赋予较高权重；政策产出中的政策受益面较政策知晓度为更深层次指标，故赋予较后者高些权重。需要说明的是，政策资源的充足性、政策协调性、预期目标实现度、政策影响这四项一级指标，从必要性角度出发，没有再细分为二级指标，因此仅对一级指标赋权（见表6-3）。

表6-3　　中国科技创新政策综合评估指标赋权

目标层	环节准则层	一级指标	二级指标
中国科技创新政策综合绩效（100%）	政策设计（20%）	1. 相关性（5%）	1.1 需求相符性（3%）
			1.2 合法合规性（2%）
		2. 科学性（5%）	2.1 目标明晰度（2%）
			2.2 问题针对性（2%）
			2.3 程序完整性（1%）
		3. 适当性（5%）	3.1 公平性（3%）
			3.2 创新性（2%）
		4. 可操作性（5%）	4.1 概念界定清晰度（2%）
			4.2 参数的具体化程度（3%）

续表

目标层	环节准则层	一级指标	二级指标
中国科技创新政策综合绩效（100%）	政策执行（30%）	5. 政策资源的充足性（5%）	—
		6. 组织管理保障度（10%）	6.1 工作机制（5%）
			6.2 管理效率（5%）
		7. 政策协调性（5%）	—
		8. 政策便捷性（10%）	8.1 细则流程的公开透明度（5%）
			8.2 程序的简便性（5%）
	政策效果（50%）	9. 政策产出（5%）	9.1 政策知晓度（2%）
			9.2 政策受益面（3%）
		10. 预期目标实现度（25%）	—
		11. 政策影响（10%）	—
		12. 政策满意度（10%）	12.1 政策认同度（3%）
			12.2 公众满意度（7%）

（二）指标的评分与综合评级

对目标层科技创新政策综合绩效的评分和综合评级由准则层政策设计、政策执行、政策效果的评分与绩效评级组成，前者与后者是总分关系。根据常用分类方法，将综合绩效评价等级分为好、较好、一般、较差四档。其中，好的标准是准则层中政策设计、政策执行和政策效果三者的得分综合≥85分；较好的标准是三者得分75≤总分<85；一般的标准是得分60≤总分<75；较差的标准是总分<60。政策设计、政策执行和政策效果各维度的评价等级及标准同综合绩效评价（见表6-4）。

表6-4　　中国科技创新政策综合评估指标的评级标准

准则	评价等级及标准	得分区间
政策设计（20分）	好	总分≥17
	较好	15≤总分<17
	一般	12≤总分<15
	较差	总分<12
政策执行（30分）	好	总分≥25.5
	较好	22.5≤总分<25.5
	一般	18≤总分<22.5
	较差	总分<18

续表

准则	评价等级及标准	得分区间
政策效果（50分）	好	总分≥42.5
	较好	37.5≤总分<42.5
	一般	30≤总分<37.5
	较差	总分<30
综合绩效（100分）	好	总分≥85
	较好	75≤总分<85
	一般	60≤总分<75
	较差	总分<60

第七章

中国科技创新政策综合评估的实践适用性分析

本章对研究构建的中国科技创新政策综合评估框架进行总体适用性分析，在该通用框架基础上，结合企业研发费用加计扣除政策（典型的单一性科技创新政策）和《配套政策》（典型的复合型科技创新政策）的属性和特点，分别建立了各自综合评估框架和指标体系，并进行了应用实证分析。

一、综合评估框架实践的总体适用性分析

（一）单一性科技创新政策的适用性分析

图5－2和表6－1所体现的中国科技创新政策综合评估框架和指标体系，是一个系统、完整的评估框架和指标体系，从广义政策评估的视角进行综合设计，覆盖了任一单一性科技创新政策（如企业研发费用加计扣除政策）必经的各个主要阶段和环节，可对政策的设计、执行和效果进行全面评估。该框架既适用于正执行且尚未到期的政策，又适用于实施到期的政策，还适用于处于研究设计阶段的政策方案。

处于不同过程环节的单一性科技创新政策，可根据其阶段性特点和评估目的与重点，选取其评估维度、评估路径、评估焦点和关键问题。其

中，对于发布实施时间不长、尚未到期的政策，可侧重评估考察政策的执行情况，同时适当向前（政策设计）、后（政策效果）两端延伸，以获取综合信息，做出全面判断；对于实施到期的政策，可重点评估政策的实施效果，包括预期目标（含在政治、科技、经济、社会、生态等方面的五维价值目标）的实现情况，以及政策实施带来的影响，同时还可通过政策效果反观政策设计的科学合理性，以及政策落实的力度和政策实施的效率；对于尚处于研究设计阶段的政策，主要评估政策方案的质量和水平，以及不同方案的优劣情况，供决策方决策参考。

需要补充说明的是，在国家自主创新示范区、国家高新区、全面创新改革试验区和综合试验区等区域开展的试点政策，同样适用于上述评估框架。

（二）复合型科技创新政策的适用性分析

在中国，复合型科技创新政策一般体现为综合性的政策文件，由若干方面政策或若干单一性政策组成，共同构成政策“组合拳”，以形成政策合力。如《配套政策》由科技投入、税收激励、金融支持、政府采购、引进消化吸收再创新、创造和保护知识产权、人才队伍、教育与科普、科技创新基地与平台和加强统筹协调等 10 个方面 60 条政策构成。上述提到的企业研发费用加计扣除政策即该复合型政策中的一项单一性政策。由于复合型政策涉及政策面广、内容丰富，且涉及的管理部门多（如科技、教育、发展改革、财政、税务、工业和信息化、知识产权、金融管理、国有资产管理、国防科工等部门）、创新主体（包括企业、高校、科研院所等，还涉及一些科技服务机构）多，评估过程中需要涉及多元主体互动和各政策方面内容分析，评估的复杂程度会明显高于单一性政策，但由于其集成体现为一个系统、综合的政策文本（文件），且同样遵循政策制定（设计）、执行和效果这一政策过程与政策回路，其评估的逻辑和基本框架与单一性政策是一致的。

二、企业研发费用加计扣除政策综合评估框架和指标研究

（一）企业研发费用加计扣除政策的属性与特点

企业研发费用加计扣除政策是我国通过税收杠杆鼓励和支持企业技术创新的一项重要优惠举措，属典型的单一性科技创新政策，由于普惠性强、含金量高颇受企业欢迎和科技界关注。[①] 该政策吸收借鉴了国外税收激励企业技术创新的有益做法，并在中国政策实践中进行了多次调整，2013 年、2015 年再次对相关政策文件进行了较大的修订完善，现正处于深入落实阶段。目前，企业研发费用加计扣除政策在中国科技创新政策体系中占据了十分突出的位置。

（二）企业研发费用加计扣除政策综合评估的逻辑框架与指标体系设计

以下基于第五章研究提出的中国科技创新政策综合评估框架，针对企业研发费用加计扣除政策的内容和特点，构建了该政策综合评估逻辑框架（见图 7 -1）。鉴于企业研发费用加计扣除政策已出台多年，正处于深入落实阶段，并已产生了阶段性效果，在评估的时间节点上属于过程评估（事中评估）和结果评估，侧重对政策执行情况和效果进行评估。同时，通过政策执行情况和效果反观政策设计的科学性、合理性和可操作性。

① 王再进，方衍，田德录．企业研发费加计扣除政策实施问题及对策研究［J］．科研管理，2013（1）：94 -98.

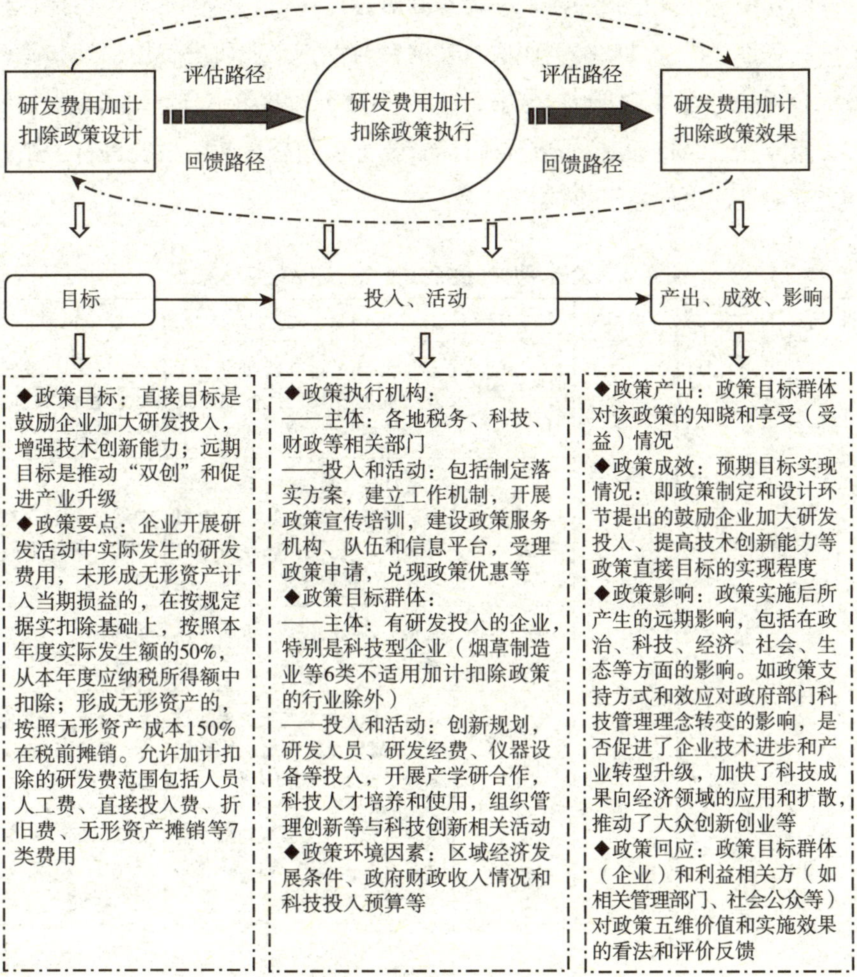

图7－1　企业研发费用加计扣除政策综合评估框架

根据科技创新政策综合评估的理念和思路，以及“目标—投入—活动—效果”的逻辑主线，图7－1在政策设计环节，梳理了企业研发费加计扣除的政策目标和政策要点；在政策执行环节，细化提出了该政策执行机构、目标群体，以及影响政策执行的环境因素；在政策效果环节，对产出、成效、影响，以及政策回应等关键要素进行了具体化。

在第六章中国科技创新政策综合评估指标体系框架指导下，结合企业研发费用加计扣除政策综合评估逻辑和内容特点，形成了企业研发费用加计扣除政策综合评估指标体系。统筹考虑总体评估和具体案例评估指标框架的一致性，以及具体案例评估内容的针对性，企业研发费用加计扣除政策综合评估一级、二级指标与表6-1的科技创新政策综合评估指标保持统一，重点在二级指标内涵界定与指标解释方面结合该政策情况进行了细化和有针对性的设计（见表7-1）。

表7-1　企业研发费用加计扣除政策综合评估指标体系

目标层	环节准则层	一级指标	二级指标	指标含义说明	证据来源及方法
企业研发费用加计扣除政策综合绩效	政策设计	1. 相关性	1.1 需求相符性	该政策与《科技规划纲要》及《配套政策》目标和政策布局的相符性和关联度	文献分析、政策制定官员访谈、专家判断
			1.2 合法合规性	该政策与《科技进步法》《企业所得税法》及实施条例相关条款，以及WTO等相关国际规则的符合程度	文献分析、专题研究、专家判断
		2. 科学性	2.1 目标明晰度	政策目标是否具体明确、可考核	文献分析、专家判断
			2.2 问题针对性	政策目标、内容与拟解决问题（企业研发投入不足、技术创新能力薄弱）的针对性	文献分析、政策制定官员访谈、政策目标群体访谈
			2.3 程序完整性	从议程设立、方案规划到方案的合法化等政策程序是否完整，政策论证是否充分	文献分析、政策制定官员访谈、专家判断
		3. 适当性	3.1 公平性	是否存在政策歧视现象，是否符合普惠性创新支持政策方向	文献分析、政策目标群体访谈、专家判断
			3.2 创新性	是否引入了国外先进的税收政策理念和政策工具，是否符合科技创新发展规律和特点	文献分析、官员访谈、比较分析、专家判断
		4. 可操作性	4.1 概念界定清晰度	政策文本涉及的概念是否清晰、不产生歧义	文献分析、专家判断
			4.2 参数的具体化程度	政策文本涉及的各项优惠、奖励或激励措施是否具体明确，或是否有具体操作办法作出规定	文献分析、专家判断

续表

目标层	环节准则层	一级指标	二级指标	指标含义说明	证据来源及方法
企业研发费用加计扣除政策综合绩效	政策执行	5. 政策资源的充足性		政策执行所需的经费、人力、信息等资源是否充分（特别是各级政府的财政收入、税收支出和科技经费预算）	文献分析、官员访谈、实地调研、专家判断
		6. 组织管理保障度	6.1 工作机制	政策执行机构（财税、科技等）是否采取了推动政策落实的有效工作机制（包括宣传解读、组织保障、监督检查、考核评价等）	文献分析、官员访谈、实地调研、专家判断
			6.2 管理效率	政策执行机构（财税、科技等部门）及人员对政策的贯彻执行是否按计划和时间进度推进，是否迅速、高效	文献分析、官员访谈、实地调研、专家判断
		7. 政策协调性		国家有关部门出台的相关政策文件与地方层面出台的配套实施办法，该政策与经济、社会等领域相关政策，以及与本领域其他相关政策（如高新技术企业认定及税收优惠）的协调衔接程度	政策文本分析、官员访谈、政策目标群体访谈、实地调研、案例分析、专家判断
		8. 政策便捷性	8.1 细则流程的公开透明度	政策配套的细则及流程是否公开和清晰	政策文本分析、政策目标群体访谈、实地调研
			8.2 程序的简便性	政策操作流程是否方便、不烦琐	政策文本分析、政策目标群体访谈、实地调研
	政策效果	9. 政策产出	9.1 政策知晓度	政策目标群体（有研发投入企业）对政策（特别是已出台政策文件）的了解和熟悉情况	官方统计数据、政策目标群体问卷调查
			9.2 政策受益面	政策目标群体（有研发投入企业）中，已享受政策优惠企业占符合政策条件企业的比例	官方统计数据、政策目标群体问卷调查
		10. 预期目标实现度		政策制定环节所设计的政策目标（鼓励企业加大研发投入，增强技术创新能力）的达成情况	政策文本分析、问卷调查、实地调研和访谈、案例分析、比较分析
		11. 政策影响		政策实施后产生的远期影响，包含在政治、科技、经济、社会、生态等方面的影响（正面的和负面的，直接的和间接的）	文献分析、实地调研和访谈、案例分析、比较分析
		12. 政策满意度	12.1 政策认同度	政策导向及价值被政策目标群体（有研发投入企业）等有关利益方接受和认可的程度	问卷调查、政策目标群体和利益相关方访谈、政策的网络舆情分析
			12.2 公众满意度	政策目标群体（有研发投入企业）和科技界相关社会公众对政策实施效果的满意程度	问卷调查、政策目标群体访谈、政策的网络舆情分析

（三）企业研发费用加计扣除政策综合评估指标体系的应用分析

随着企业研发费用加计扣除政策的不断完善和深入落实，以及越来越得到科技界和社会有关方面的普遍关注，无论从政府主管部门改进完善政策的需要或是政策目标群体和利益相关方监督政策落实的角度看，对该政策进行评估的需求较大。近年来，科技部几乎每年都组织开展科技创新政策跟踪调研评价，也曾就相关重点政策的实施情况进行过阶段性专题评估分析，企业研发费用加计扣除政策是其中的一项政策。

为了增强企业研发费用加计扣除政策评估的科学性和规范性，除了需要有基本的评估逻辑框架的理论指导外，还需要有一套具有较强适用性和可操作性的评估指标体系提供方法工具上的支撑。本书设计的企业研发费用政策综合评估指标体系，融合了笔者 2008 年以来对该政策及其实施和效果情况的跟踪研究成果（也包括已发表的一些相关研究论文和报告），并结合试点评估经验进行了优化完善，同时充分体现了该项政策的最新发展演变和内容特点，具有较强现实意义和应用价值。

由于企业研发费用加计扣除政策在单一性科技创新政策中具有典型的代表性，以下结合政策实施新进展和往年跟踪监测结果，基于评估人员视角，从政策设计、政策执行和政策效果三个环节准则层对该政策进行试评估，对每个准则层的一级、二级指标进行评估考察和打分后，分别对三个准则层的分析判断结果作出小结，并在此基础上综合得出该政策的整体绩效。通过上述试评估过程、方法和结果，进一步检验企业研发费用加计扣除政策综合评估指标体系的完备性、适用性和可操作性。

1. 政策设计准则层方面

（1）相关性。主要评估分析企业研发费用加计扣除政策的需求相符性和合法合规性。

第一，需求相符性。主要考察该政策与我国《科技规划纲要》及《配套政策》（2006—2020 年）目标和政策布局的相符性和关联度。我国对企业 R&D 投资实行税前加计扣除政策优惠的做法由来已久。早在 1996 年，财政部、国家税务总局就出台了关于促进企业技术进步有关税收优惠政策，允许国有和集体工业企业当年发生的技术开发费比上年增幅超过10%的，在应纳税所得额中加计扣除50%。此后，有关部门根据不同时期科技发展形势、特点和企业技术创新需求，就相关政策进行了多次调整和完善，降低门槛条件，扩大政策适用范围，以营造企业间公平竞争的纳税环境，鼓励更多企业加强技术创新。2006年国务院对外发布的《科技规划纲要》中明确提出，要积极鼓励和支持企业开发新产品、新工艺和新技术，加大企业研究开发投入的税前扣除等激励政策的力度。同年，国务院出台的《配套政策》明确规定，要加大对企业自主创新投入的所得税前抵扣力度，允许企业按当年实际发生的技术开发费用的150%抵扣当年应纳税所得额，实际发生的技术开发费用当年抵扣不足部分，可按税法规定在5年内结转抵扣。为鼓励企业增加研究开发投入、增强技术创新能力，《科技规划纲要》《配套政策》在政策文件中均将该政策作为一项重点政策进行部署实施。企业研发费用加计扣除政策也在这个时期得到各方面的普遍关注和重视。

第二，合法合规性。主要考察该政策与我国科技进步法、企业所得税法及实施条例相关条款，以及WTO等相关国际规则的符合程度。首先，从国外看，研发（R&D）税收激励是世界上许多国家，尤其是OECD成员国政府普遍采取的鼓励本国企业扩大R&D投资的重要政策工具。[①] 20世纪60年代以来，鉴于科技创新对提升国家核心竞争力的重要作用，许多国家都把强化科技创新作为国家战略，将税收激励作为推动技术创新的“加速器”。[②] 其中，R&D投资是支持的重点。截至2011年，OECD 30个成员国中对企业实施R&D税收优惠的国家已上升到26个，多数成员国特别是发达国家和新兴发展中国家重视使用税前加计扣除的激励方式，该激励措施符合WTO等相关国际规则。在中国，2007修订后的《中华人民共和国科学技术进步法》和《中华人民共和国企业所得税法》及其实施条例的相关条款均对施行企业研发费用加计扣除政策做出明确

---

① 王再进，方衍，田德录．企业研发费加计扣除政策实施问题及对策研究［J］．科研管理，2013（1）：94－98.

② 李林木．从国际比较看我国激励创新的税收政策选择［J］．税务研究，2007（4）：50－53.

规定。上述法律法规为企业研发费用加计扣除政策的实施提供了明确的法律保障。

2008 年，国家税务总局发布《企业研究开发费用税前扣除管理办法(试行)》，为落实该政策提供了具体实施办法。根据该办法规定，政策在申请对象、申报条件、抵扣方式等方面较 2005 年之前有了较大变化：一是享受加计扣除优惠的对象进一步放宽，政策对象扩展为所有财务核算健全并能准确归集研发费的居民企业；二是提高了企业研发费抵扣的比例，取消了当年研发费必须比上年实际增长 10%（含 10%）以上的比例限制，规定全部按实际发生的研发费加计 50% 扣除；三是加大了税前抵扣的力度，允许企业研发费当年不足抵扣的部分可在以后年度（5 年内）延续抵扣。

为更好满足企业的政策需求，2013 年财政部、国家税务总局和科技部在中关村国家自主创新示范区相关政策试点的基础上扩大了政策优惠范围，发布了《关于研究开发费用税前加计扣除有关政策问题的通知》，并将完善后的政策向全国推广。最大突破点是，在《企业研究开发费用税前扣除管理办法（试行)》的基础上增加了在职研发人员缴纳“五险一金”等五类允许税前加计扣除的费用支出。①

2015 年，为落实国务院要求，进一步推动企业加大研发投入力度，财政部会同国税总局、科技部发布了《关于完善研究开发费用税前加计扣除政策的通知》，拓宽了政策覆盖面、提高了政策优惠力度、简化了政策操作程序。目前，按照新规，除不宜适用加计扣除的活动和行业（实行“负面清单”）外，企业发生的研发支出均可享受加计扣除优惠；新增了外聘研发人员劳务费、试制产品检验费、专家咨询费等允许加计扣除的费用类型，并允许企业追溯过去 3 年应扣未扣的研发费用予以加计扣除；简化审核，对加计扣除实行事后备案管理。②③ 2017 年，财政部、税务总局、科

① 财政部，国家税务总局．关于研究开发费用税前加计扣除有关政策问题的通知（财税［2013］70 号）[EB/OL]. http://www.tax.sh.gov.cn/pub/xxgk/zcfg/qysds/201310/t20131008_404813.html, 2013-9-29.

② 国务院确定完善研发费用加计扣除政策等［EB/OL]. http://www.mlr.gov.cn/xwdt/jrxw/201510/t20151022_1384936.htm, 2015-10-22.

③ 《关于完善研究开发费用税前加计扣除政策的通知》颁布执行后，《企业研究开发费用税前扣除管理办法（试行)》《关于研究开发费用税前加计扣除有关政策问题的通知》同时废止。

技部联合发布《关于提高科技型中小企业研究开发费用税前加计扣除比例的通知》，允许科技型中小企业将加计扣除比例由50%提高至75%，加大对中小企业科技创新的支持力度。2018年7月，国务院常务会议决定，将研发费用加计扣除比例提高到75%的政策由科技型中小企业扩大至所有企业。同年9月，财政部、税务总局和科技部发布《关于提高研究开发费用税前加计扣除比例的通知》，落实了这一要求，进一步激励各类企业加大研发投入、开展科技创新活动。

通过上述分析，可以得出以下结论：企业研发费用加计扣除政策与《科技规划纲要》及《配套政策》的目标、方向、政策布局和重点高度契合，符合《中华人民共和国科技进步法》《中华人民共和国企业所得税法》及其实施条例等国家相关领域的法律法规规定，也符合世界贸易组织（WTO）有关规则，政策的需求相符性和合法合规性都很强。

（2）科学性。主要评估分析企业研发费用加计扣除政策的目标明晰度、问题针对性和程序完整性。

第一，政策目标明晰度。主要考察该政策目标是否具体明确、可考核。《科技规划纲要》中明确提出，要鼓励企业增加研发投入、增强技术创新能力，并与《配套政策》将实行研发费用加计扣除政策作为其中的一项重点支持政策。作为企业研发费用加计扣除政策的原具体实施办法，《企业研究开发费用税前扣除管理办法（试行）》的第一条明确规定了办法出台的主要目的，即鼓励企业开展研究开发活动。最新出台的《关于完善研究开发费用税前加计扣除政策的通知》再次明确了《企业研究开发费用税前扣除管理办法（试行）》的政策目标。通过相关文献研究，结合对政策制定部门官员的访谈和专家分析，进一步了解到该政策的近期和远期目标，即近期看主要是鼓励企业加大研发投入，长期看最终目的是增强企业自主创新能力、促进企业成为技术创新主体、加快以企业为主体的技术创新体系建设，进而推动“双创”和促进产业升级。可见，研发费用加计扣除政策的目标是清晰、明确的，当前主要解决近期目标。从目标内涵解析看，目前重点关注中国科技创新政策五位价值取向中的科技进步与经济效益。

第二，政策问题针对性。主要考察该政策目标、内容与拟解决科技创新问题的针对性。这要从政策实施背景情况开始分析。在《科技规划纲要》和

《配套政策》出台前，我国科技创新的基本情况是，自主创新能力较弱，缺乏具有自主知识产权的核心技术，在一些产业领域表现出不同程度的对外技术依赖。据官方统计，在中国2.8万多家大中型企业中，拥有研发机构的只占25%；企业创新投入严重不足，研究开发经费仅占销售收入的0.56%；在我国发明专利申请中，外国企业申请量超过50%，一些高技术领域的关键技术专利申请基本上被国外企业垄断。① 在那时，调整完善（此后也在适时不断完善）并大力实施研发费用加计扣除政策，就是要解决我国企业长期以来研发投入不足，技术创新能力薄弱的问题，这也是政策实施的主要目标。评估分析认为，该政策问题导向明显，针对性强，出台及时。

第三，政策程序完整性。主要考察该政策从议程设立、方案规划，到方案的合法化等政策程序是否完整，政策论证是否充分。研发费用加计扣除政策的出台及历次调整完善，经过了严格的政策程序。财政部、国税总局、科技部作为政策的牵头部门，在政策出台和修订前，进行了专题调查研究，听取了有关部门、专家、基层一线政策目标群体等的意见，部门之间进行了政策协调和沟通协商，政策论证较为充分。其中，《关于研究开发费用税前加计扣除有关政策问题的通知》的政策突破措施在向全国推广前，在北京中关村国家自主创新示范区进行了试点，经过了实践检验和总结评价。需要指出的，作为在科技界和广大企业（特别是科技型企业）中受到高度关注、影响面广的一项十分重要的政策，如能在更大范围征求政策目标群体和社会公众的意见，如将拟修订的政策文本（征求意见稿）在线公开征求意见，将有利于进一步提升政策的科学性，形成更大共识。

通过上述分析，可以得出以下结论：企业研发费用加计扣除政策目标明确、清晰，具有可考核性；政策目标、内容与拟解决问题的针对性强；政策程序较为完整，但在征求意见环节尚有一定的改进和完善空间。

（3）适当性。主要评估分析企业研发费用加计扣除政策的公平性和创新性。

第一，政策公平性。主要考察该政策是否存在政策歧视现象，是否符

① 关于印发李学勇副部长在“技术创新引导工程”启动会议上讲话的通知［EB/OL］. http：//www.most.gov.cn/fggw/zfwj/zfwj2005/200512/t20051214_54866.htm.

合普惠性创新支持政策方向。科技创新政策从本质上是一种权威性的创新资源分配方案，政策公平是科技创新政策制定和实施的重要原则之一。目前，中国正在着力构建扶持创新的普惠性政策体系，并逐步将国家对企业技术创新的投入方式转变为以普惠性财税政策为主，越发关注政策的公平性。企业研发费用加计扣除政策的发展和完善体现了这一政策方向。具体而言：一是政策受益对象范围扩大，由原规定的国有、集体工业企业，扩大至居民企业；[①] 二是政策覆盖的研发活动领域范围扩大，取消了原有的高新技术和高技术产业化重点领域限制，使更多的行业和领域能够受益；三是政策优惠力度加大，允许税前加计扣除的研发费范围，先是增加了“五险一金”等五类费用支出，之后又将外聘研发人员劳务费、试制产品检验费，以及与研发直接相关的专家咨询费、高新科技研发保险费、差旅费、会议费等企业普遍反映的主要研发支出纳入了加计扣除范围。通过上述调整和完善，研发费加计扣除政策的普惠性有了大幅度提高，不同所有制、不同规模和不同研发领域的企业只要符合政策条件均可申请享受，政策更加公平。2017 年，有关部门出台文件，允许科技型中小企业的税前加计扣除幅度提到 75%，较其他类型企业增加了 25%，提高了政策对科技型中小企业的优惠力度。

第二，政策创新性。主要考察该政策是否引入国外先进的税收政策理念和政策工具，是否符合科技创新发展规律和特点。研发费用加计扣除政策的制定和完善过程中，一方面，研究借鉴了发达国家鼓励企业研发投资的税收抵扣政策情况，包括研发活动界定、负面清单规定、合格研发支出范围、税收优惠方式等，积极吸收国外先进政策理念和政策工具。另一方面，结合我国科技创新政策国情、现阶段发展特点和企业实际需求，进行了适当改良，体现了一定的中国特色。但总体看，在政策内容、工具手段设计上未见明显的创新点。

通过上述分析，可以得出以下结论：企业研发费用加计扣除政策通过几次修改完善，大大增强了政策的普惠性，政策公平性得到了明显提高

---

① 《中华人民共和国企业所得税法》所称的居民企业是指依照中国法律、法规在中国境内成立、或者实际管理机构在中国境内的企业。

(曾针对科技型中小企业创新发展特点和实际困难，给予适当的优惠倾斜)；政策体现了一定的创新性，但还不够突出。

(4) 可操作性。主要评估分析企业研发费用加计扣除政策的概念界定清晰度和参数的具体化程度。

第一，政策概念界定清晰度。主要考察企业研发费用加计扣除政策文本涉及的主要概念是否清晰，是否会产生歧义。根据梳理分析，该政策文本中涉及的主要概念有研发活动、研发费用和加计扣除。其中，有研发活动是企业申请该政策的基本条件；研发费用是兑现税收优惠时需要归集的对象，符合政策条件的研发费用越多，能享受到的税收优惠就越多；加计扣除是政策的核心点和亮点。目前，出台的《关于完善研究开发费用税前加计扣除政策的通知》，对这些概念均进行了界定，明确了范围。例如，明确了文件所称研发活动是指企业为获得科学与技术新知识，创造性运用科学技术新知识，或实质性改进技术、产品（服务）、工艺而持续进行的具有明确目标的系统性活动，并规定了7类不适用加计扣除政策的行业和研发活动（见表7-2）。[①] 明确了允许享受税收优惠的研发费用条件和范围，条件是未形成无形资产计入当期损益，具体范围包括人员人工费用、直接投入费用、折旧费用、无形资产摊销等7类费用，且每类费用都规定了具体子项；等等。总体看，相关概念表述比较清晰、具体，便于理解和执行。

表7-2　《关于完善研究开发费用税前加计扣除政策的通知》规定的不适用加计扣除政策的行业和研发活动

不适用的行业	不适用的研发活动
1. 烟草制造业 2. 住宿和餐饮业 3. 批发和零售业 4. 房地产业 5. 租赁和商务服务业 6. 娱乐业 7. 财政部和国家税务总局规定的其他行业	1. 企业产品（服务）的常规性升级 2. 对某项科研成果的直接应用，如直接采用公开的新工艺、材料、装置、产品、服务或知识等 3. 企业在商品化后为顾客提供的技术支持活动 4. 对现存产品、服务、技术、材料或工艺流程进行的重复或简单改变 5. 市场调查研究、效率调查或管理研究 6. 作为工业（服务）流程环节或常规的质量控制、测试分析、维修维护 7. 社会科学、艺术或人文学方面的研究

① 新颁所得税政策及解读［J］. 新会计，2016（3）：35-41.

第二，政策参数的具体化程度。主要考察政策文本涉及的优惠、奖励或激励措施是否具体明确。企业研发费用加计扣除政策优惠点在于，允许企业实际发生的研发费用在据实扣除基础上，按照年度实际发生额的75%从应纳税所得额中扣除，即假设某企业某一年度研发投入100万元，且这100万元均符合政策规定条件，则可在该企业本年度应纳税所得额中按175万元扣除，较享受政策前可少缴18.75万税款（按一般类型企业25%的税率计算）。《关于完善研究开发费用税前加计扣除政策的通知》第一条第一款“允许加计扣除的研发费用”中，对这一政策优惠参数作了明确规定。[①] 同时，还在第五条中对允许享受政策的追溯期限做出具体规定（最长为3年），进一步明确和细化了政策优惠的有关参数。结合该政策优惠点分析，相关参数具体、明确，可操作。目前相对欠缺的是，没有针对不同区域的创新基础、政策需求和特点，实施差异化的优惠政策。

通过上述分析，可以得出以下结论：企业研发费用加计扣除政策文本主要概念界定清晰、范围明确，税收优惠和管理相关参数具体明确并数字化体现，总体上政策操作性较强。

综合分析看，在政策设计环节方面，企业研发费用加计扣除政策相关性方面高度相关，科学性、适当性和可操作性较强，但尚有一定的改进空间，如可针对不同区域（东、中、西部地区）的经济发展基础、创新资源条件、企业实际需求和特点，在保持总体政策原则和要求的基础上，探索拓展差异化的优惠措施，进一步提高政策的针对性，避免“一刀切”。

2. 在“政策执行”准则层方面

（1）政策资源的充足性。主要考察政策执行所需的经费、人力、信息等资源是否充分。企业研发费用加计扣除政策属税收优惠政策，旨在减轻企业税收负担，因此要有必要的经费提供保障。从近年来政策执行情况看，每年均给全国享受政策企业减免了数百亿元税额。从当前该政策优惠兑现的做法看，无须政府单独设立专项资金另行拨付企业，主要通过企业

① 按照2018年7月国务院常务会议决定，该政策优惠力度进一步加大，允许符合条件的企业在税前将研发费用加计扣除比例由50%提高至75%。

的年度所得税减免来实现。目前，尽管企业减免税额呈逐年上升趋势，由于国家对该政策的重视和期待，政策优惠兑现渠道是畅通的，经费有充分保障。企业研发费用加计扣除政策涉及的执行机构有财政、科技、税务等多个部门，在具体执行过程中主要由税务人员特别是基层的税管员来操作实施，而这一工作队伍在推出加计扣除政策前已形成，并在全国税务机关系统中建立了工作网络，政策执行的人力资源也有保障。另外，由于政策文本是公开的，加上各级政府部门的宣传解读和各类媒体的传播扩散，对政策执行部门和相关企业而言，政策信息总体较为通畅。

通过上述分析，可以得出以下结论：企业研发费用加计扣除政策执行的各类资源较为充分，能够有效保障政策的顺利实施。但需要关注相关资源后续的可持续性。

（2）组织管理保障度。主要评估分析政策的执行工作机制和管理效率。

第一，工作机制。主要考察政策执行机构是否采取了推动政策落实的有效工作机制。如上所述，企业研发费用加计扣除政策涉及多个执行机构。从目前相关规定和政策实践看，财政部门主要负责政策的统筹协调和后续完善工作，包括牵头研究改进企业研发费计核方法、目录管理方式和研究扩大研发费加计扣除范围等；税务部门是政策具体执行部门，负责对企业申报材料的受理及备案管理、对异议研发项目的组织认定和审核、税收优惠的兑现，以及政策的后续管理与核查；科技部门是参与政策制定和推动政策落实的主要部门，主要工作包括与财税部门共同研究修订完善政策文件，加强政策宣传培训和解读，组织开展政策落实情况的调查研究、跟踪检查和监测评估等。《关于完善研究开发费用税前加计扣除政策的通知》就税务、科技部门在研发项目认定环节的分工做了规定，即税务机关对企业享受加计扣除优惠的研发项目有异议的，可以转请地市级（含）以上科技行政主管部门出具鉴定意见。科技和税务部门在政策具体执行中形成的较为常见的分工协作模式如图 7 – 2 所示。①

① 王再进，徐治立，刘辉，田德录．基于史密斯模型的企业研发费用加计扣除政策分析及建议［J］．中国科技论，2015（12）：120 – 125.

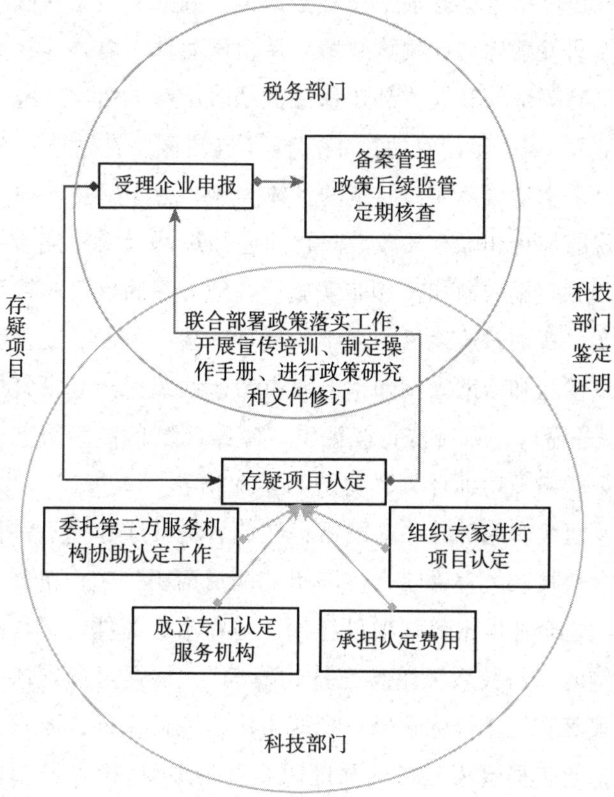

图7-2　科技、税务部门分工协作的主要模式

《关于完善研究开发费用税前加计扣除政策的通知》颁布后，财政部、国家税务总局和科技部等相关部门陆续出台了7个配套政策文件，进一步明确了研究开发人员范围、研发费用归集、辅助账样式等实操层面的问题，完善了宣传辅导、纳税服务、督促检查、政策评估等工作机制，2018年还出台了《研发费用加计扣除政策执行指引1.0版》，推动该政策细化落地，方便企业申请和享受政策。

可见，企业研发费用加计扣除政策执行机构间在政策宣传培训、申报受理、存疑项目认定、税收减免，以及后期的政策改进完善等方面，已形成了较为明确的分工机制，也建立了必要的沟通协调机制，这为政策的落实提供有力的组织管理保障。

第二，管理效率。主要考察政策执行机构及人员政策的贯彻执行是否按计划和时间进度推进，管理工作是否迅速、高效。由于从国家到地方都十分重视企业研发费用加计扣除政策，从全国总体上看，该政策的落实工作力度较大，有关部门和地方都在积极推动政策深入落实。地方是政策落实的主体，截至2012年，有超过2/3省（自治区、直辖市）和计划单列市都制定出台了本地区落实该政策的具体实施办法（见表7-3）。《关于研究开发费用税前加计扣除有关政策问题的通知》和《关于完善研究开发费用税前加计扣除政策的通知》颁布实施后，地方层面也及时按照新的政策要求给予落实。各地普遍通过加强组织管理、建立机制、完善服务为企业享受政策提供便利和帮助。例如，上海市市区两级均建立了科技创新政策“一门式”服务窗口，为科技企业提供“零距离”的政策服务，并实施了科技创新政策联络员培训计划，免费为企业培养“政策通”，方便企业及时申报和享受研发费用加计扣除政策；江苏省科技厅建立了科技政策辅导员、助理员，科技政策宣讲团、咨询团“两员两团”工作机制，并开展与下级科技部门、企业申报科技项目挂钩，与厅市会商挂钩，与基层科技考核等工作挂钩的“科技政策落实三挂钩行动”，加强对各省辖市研发费用加计扣除政策落实工作目标管理；宁波市出台专门文件，要求市级各相关部门建立将企业获得政策支持的强度跟企业的R&D投入强度相挂钩的政策扶持机制，并开展了研发费用加计扣除政策落实情况专项督查。还有不少地方通过建立科技创新政策辅导站、政策宣传（咨询）辅导站，组建政策宣传小组，为企业免费培养政策联络员等多种方式，深入开展政策宣传、培训和咨询服务。

表7-3　各省（区、市）落实研发费用加计扣除政策的具体实施办法

编号	省（区、市）	文件名称
1	北京	《关于贯彻落实国家支持中关村科技园区建设国家自主创新示范区试点税收政策的通知》 《关于进一步落实中关村国家自主创新示范区企业所得税试点政策的通知》
2	内蒙古	《关于开展技术创新税收优惠政策进企业行动的通知》
3	辽宁	《辽宁省国家税务局企业所得税税收优惠管理办法（试行）》 《关于进一步推进企业研发费用税前加计扣除政策落实的通知》
4	天津	《天津市企业研究开发费用税前加计扣除项目鉴定办法（试行）》

续表

编号	省（区、市）	文件名称
5	河北	《河北省企业研发费用税前加计扣除项目鉴定办法》
6	山西	《关于企业技术创新项目及技术开发费加计扣除有关工作的通知》
7	上海	《关于转发〈国家税务总局关于印发〈企业研究开发费用税前扣除管理办法（试行）〉的通知〉和本市实施意见的通知》 《关于做好企业研究开发费用加计扣除政策落实工作的通知》 《关于进一步做好企业研究开发费加计扣除政策落实工作的通知》
8	江苏	《江苏省企业研究开发费用税前加计扣除管理办法（试行）》 《关于做好技术开发项目备案确认工作的通知》 《企业研究开发费用税前加计扣除操作规程（试行）》
9	山东	《山东省企业研究开发费用加计扣除管理操作指南（试用）》
10	浙江	《落实企业技术开发费有关财务税收政策及相应管理办法》 《企业新技术、新产品、新工艺研究开发费用所得税优惠政策》
11	安徽	《企业研究开发费用所得税前加计扣除政策具体操作办法》 《关于印发企业研究开发项目审核的通知》
12	福建	《关于贯彻落实研究开发费税前加计扣除政策有关事项的通知》
13	河南	《河南省企业研究开发费用认定管理实施意见（试行）》
14	湖北	《关于做好企业所得税税收优惠政策管理工作的通知》
15	湖南	《关于进一步落实企业技术开发费加计扣除优惠政策的通知》
16	广东	《广东省国家税务局 广东省地方税务局转发国家税务总局关于印发〈企业研究开发费用税前扣除管理办法（试行）〉的通知》 《广东省科学技术厅 广东省经济贸易委员会 广东省国家税务局 广东省地方税务局关于企业研究开发费税前扣除管理试行办法》
17	重庆	《关于进一步明确“企业研发费用在所得税税前加计扣除优惠政策”有关执行程序和要求的通知》 《关于办理企业研究开发费用税前扣除所涉研究开发项目鉴定程序的通知》
18	四川	《四川省科技创新企业技术开发费认定办法（试行）》
19	贵州	《贵州省企业研究开发费用税前加计扣除项目技术鉴定办法（试行）》 《关于贯彻落实企业技术创新优惠政策的意见》
20	云南	《云南省企业技术开发费认定办法》 关于印发《云南省企业研究开发费用税前加计扣除实施办法（试行）》的通知
21	宁夏	《宁夏回族自治区企业研究开发项目鉴定管理办法（试行）》

续表

编号	省（区、市）	文件名称
22	青海	《青海省企业研究开发费用税前加计扣除项目鉴定（试行）的通知》
23	宁波	《关于贯彻落实企业技术开发费有关财务税收政策的实施意见》
24	青岛	《关于印发〈企业技术开发项目确认暂行办法〉的通知》
25	深圳	《企业所得税税收优惠管理工作规程（试行）》 《关于企业研究开发费用加计扣除有关问题的通知》 《关于研究开发费加计扣除鉴定有关问题的通知》

资料来源：对全国各省、自治区、直辖市和计划单列市相关政策文件的梳理与汇总。

总体上看，有关部门和地方都在按政策规定与计划进度推动这项政策的落实，并取得了明显的进展和成效。但是，也存在有的地方执行机构对政策目标认识不足、重视不够，注重征税、不注重涵养税源，执行政策的积极性不够，有的甚至在衡量部门利益和公共利益、地方利益和国家利益、短期付出和长远利益时采取了避重就轻的态度；有的地方政策执行人员没有很好地理解和把握政策，政策水平、业务能力和管理水平有待提高，政策宣传、培训和辅导还不够到位；还有一些地方税务、财政、科技等相关职能部门间沟通协调不够顺畅，未能形成工作合力等。上述因素，一定程度上会影响该政策执行的程度和效率。

通过上述分析，可以得出以下结论：企业研发费用加计扣除政策的执行有较强的组织管理保障，相关部门和地方也建立了配套工作机制，政策得到不断深入落实。但需要关注政策落实欠佳地方和相关执行机构的执行进展，促进其增强政策认识、加强部门协调、加大政策执行力和进一步提高管理效率和服务水平。

（3）政策协调性。主要评估分析企业研发费用加计扣除政策文件的衔接配套，以及该政策与相关政策的协调衔接程度。

目前，与《关于完善研究开发费用税前加计扣除政策的通知》密切相关的政策文件，主要为《财政部关于企业加强研发费用财务管理的若干意见》和《高新技术企业认定管理办法》的配套操作文件《高新技术企业认定管理工作指引》。《关于完善研究开发费用税前加计扣除政策的通知》《财政部关于企业加强研发费用财务管理的若干意见》和《高新技术企业认定管理工作指引》都涉及对企业研发费用口径的界定，其中，第一和第三个文件还涉及对享受加计扣除政策和高新技术企业税收优惠政策前的研发费用归集认定工作。具体分析看，《关于完善研究开发费用税前加计扣除政策的通知》规定的可加计扣除的企业研发费口径最窄（尽管较《企业研究开发费税前扣除管理办法（试行）》等此前文件，已在一定程度上拓宽了口径范围），《财政部关于企业加强研发费用财务管理的若干意见》规定的用于研发活动的房屋租赁费、办公费、外事费、研发人员培训费、培养费、企业委托个人进行开发的研发费用等许多费用不在前者规定的研发费用范围，政策优惠不充分，降低了企业受益度。同时，关于研发费用加计扣除政策申报和高新技术企业认定中涉及的对企业研发费的归集认定工作，调研中一些企业反映，目前二者间未能进行有机衔接，一定程度上增加了企业负担，同时也增加了政策执行成本。另外，国家有关部门出台或修订研发费用加计扣除政策的相关文件后，有部分省市的配套实施办法尚未及时跟上。

通过上述分析，可以得出以下结论：企业研发费用加计扣除政策的协调性相对较弱，在研发费用范围界定和研发费用归集认定工作等方面与相关政策文件的衔接协调需要加强。

（4）政策便捷性。主要评估分析企业研发费用加计扣除政策细则流程的公开透明度和程序的便捷性。

第一，细则流程的公开透明度。主要考察政策细则与流程是否公开和清晰。2008 年至今，国家层面先后出台和修订过的研发费用加计扣除政策文件与实施办法均已公布在网上，文件中对政策的申报主体、申报条件、申报流程、受理部门、研发项目异议处理方法、政策优惠追溯享受等作了明确规定。《关于完善研究开发费用税前加计扣除政策的通知》印发后，国家税务总局接着以《关于企业研究开发费用税前加计扣除政策有关问题的公告》形式发布了通知，就从事研发活动人员范围、多用途对象的费用归集等方面，进一步明确政策执行口径，方便政策地方部门和企业操作实施。[①] 有不少地区还结合当地实际和工作需要，专门制

① 国家税务总局．关于企业研究开发费用税前加计扣除政策有关问题的公告［EB/OL］．http：//www.chinatax.gov.cn/n810341/n810755/c1981362/content.html，2015－12－29.

定出台了企业研发费用加计扣除操作手册（或指南、规程等，见表7－4），并发放给本地区基层执行部门和企业。总体上看，该政策细则流程的公开透明程度较高。

表7－4　部分地区编写的企业研发费用加计扣除政策操作手册

序号	地区	名称
1	上海	上海市企业研发费用加计扣除操作手册
2	广东	企业研究开发费用税前扣除实操指南
3	江苏	企业研发费用加计扣除操作规程
4	福建	企业研发费用税前加计扣除政策指南
5	辽宁	企业研发费用税前加计扣除政策操作指导
6	四川	企业研究开发费加计扣除税收优惠政策实用手册
7	江西	江西省企业研究开发费用税前加计扣除操作指引
8	湖北	企业研发费用加计扣除政策操作指南
9	陕西	陕西省企业研究开发费用加计扣除管理操作指南
10	安徽	企业研究开发费用税前加计扣除政策汇编与解读
11	甘肃	科技型中小企业研发费用加计扣除操作指南
12	大连	企业研究开发费用税前扣除操作手册
13	浙江	企业研究开发费用税前加计扣除政策解答
14	天津	企业研究开发费用税前加计扣除政策问答

资料来源：对各省（自治区、直辖市）和计划单列市相关政策资料的梳理和汇总。资料截至2017年，为不完全统计。

第二，程序的便捷性。主要考察政策操作流程是否方便、不烦琐。企业研发费用加计扣除政策的操作流程主要体现在政策的申报和受理环节。2015年之前，该政策主要实行申报审核制（即企业提交申报材料后，税务机关等将对申报的研发项目领域和研发费用范围进行认定和审核，只有审核通过的研发费用，才允许税前抵扣），程序较为烦琐，过程较为复杂。为进一步落实国务院关于简政放权放管结合的工作要求，《关于完善研究开发费用税前加计扣除政策的通知》颁布后，有关部门简化了操作程序，实行备案管理，降低政策执行成本，方便企业申报和享受政策。国家税务总局《关于企业研究开发费用税前加计扣除政策有关问题的公告》明确规定，对研发费用加计扣除实行备案管理，企业在年度纳税申报时，根据研发支出辅助账汇总表，填报研发项目可加计扣除研发费用情况归集表，在年度纳税申报时随申报表一并报送；除备案资料和主要留存备查资料按照公告规定执行外，其他备案管理要求按照《国家税务总局关于发布〈企业所得税优惠政策事项办理办法〉的公告》的规定执行。同时，为确保企业如实填报研发支出资料，避免偷漏税款，公告对加强研发费用加计扣除优惠政策的后续管理提出了相应要求，如要求税务机关每年汇算清缴期结束后应开展核查，核查面不得低于享受该优惠企业户数的 20%。总体来看，政策管理方式的调整，大幅简化了政策程序，提高了该政策的便捷度，受到了企业的欢迎。

通过上述分析，可以得出以下结论：企业研发费用加计扣除政策细则流程的公开透明度较高，经过政策管理程序和方式的调整和优化，政策便捷性也得到了提高。由于新的政策规定自 2016 年才开始正式执行，到目前实施情况还不长，且政策效果显现存在一定的滞后性，因此新管理方式的适用性和效果尚需后续实践的进一步检验。

综合分析看，在政策执行环节方面，企业研发费用加计扣除政策的政策资源充足性较强，但需要关注后续的可持续性；组织管理保障度较高，但部分地方特别是中西部地区有关部门的政策认识、管理效率和服务水平有待提高；政策协调性较弱，特别在研发费用口径和认定归集方面，《关于完善研究开发费用税前加计扣除政策的通知》与相关政策文件间的协调衔接需要加强；细则流程的公开透明度较高，管理方式改进后，政策便捷性也得到了提高。

3. 在“政策效果”准则层方面

（1）政策产出。主要评估分析企业研发费用加计扣除政策的知晓度和政策受益面。

第一，政策知晓度。主要考察政策目标群体（有研发投入企业）对政策的了解和熟悉程度。从往年的政策调研情况看，随着政策的推进落实和有关部门、地方对政策宣传培训广度和深度的拓展，企业对研发费用加计扣除政策的知晓度在不断提升。根据 2015 年底国家科技评估中心开展的问卷调查，反馈了有效问卷的5419家企业[①]中，绝大多数（96%）表示知道该政策，近70%的企业对政策熟悉或比较熟悉（见表7－5），超过一半的企业了解《关于完善研究开发费用税前加计扣除政策的通知》（见表7－6）。总体来看，调查企业对研发费用加计扣除政策的知晓度已达到较高水平，这在一定程度为该项政策的深入落实奠定了基础。

表7－5　　问卷调查企业对研发费用加计扣除政策的知晓情况

知晓情况	数量（家）	所占比例（%）
熟悉	1281	23.65
比较熟悉	2440	45.03
一般了解	1507	27.80
不知道	191	3.52
合计	5419	100.00

表7－6　　问卷调查企业对研发费用加计扣除政策主要文件的了解情况

相关政策规定	数量（家）	所占比例（%）
《关于研究开发费用税前扣除管理办法（试行）》	4177	77.05
《关于企业技术创新有关企业所得税优惠政策的通知》	3860	71.20
《财政部、国家税务总局关于研究开发费用税前加计扣除有关政策问题的通知》	3836	70.76
《财政部、国家税务总局科技部关于完善研究开发费用税前加计扣除政策的通知》	3074	56.71

注：问卷中此题为多选题，百分比的基数是5419。

第二，政策受益面。主要考察政策目标群体（有研发投入企业）中，已享受政策优惠企业占符合政策条件企业的比例。截至目前，企业研发费用加计扣除政策已覆盖31个省（区、市）、5个计划单列市和新疆生产建设兵团。国家科技评估中心根据各地方报送数据统计，2014年度全国大约有4.5万家企业享受了研发费用加计扣除政策，因加计抵扣而减免的税额超过590亿元。依此粗略测算，该年度全国各类企业研发经费（R&D）实际支出额（10060.6亿元）中，约有一半享受了政策优惠。从历史比较看，

① 问卷调查的企业类型：涉及有研发投入活动的企业，主要为全国范围内的国家级和省级创新型（试点）企业、高新技术企业和部分规模以上工业企业等。

享受政策的企业数和减免税额自 2008 年起连续六年实现较大幅度增长（见图 7-3）。从区域情况看，有 10 个省市享受政策的企业数超过 1000 家，有 8 个省市减免税额超过 20 亿元，东部省市的政策受益面大于中西部省市。此外，2015 年的问卷调查结果显示，5419 家被调查企业中，近六成企业享受了研发费用加计扣除政策优惠。

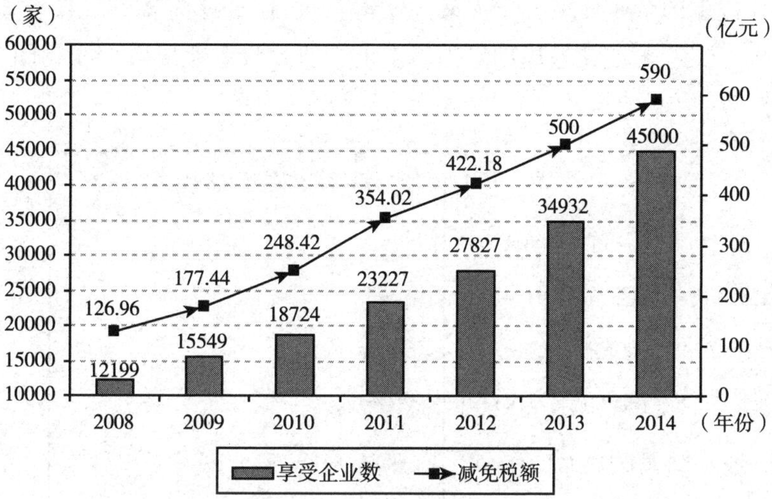

图 7-3 2008~2014 年度全国享受研发费用加计扣除政策的企业数及减免税额

资料来源：国家科技评估中心.2015 年度科技创新政策落实情况调研评估报告［R］. 2016.

通过上述分析，可以得出以下结论：企业对研发费用加计扣除政策知晓度高，全国各地均有企业不同程度享受到该政策，2014 年度全国企业研发支出经费中有近一半享受了政策优惠，政策受益面较宽。总体来看，政策产出较为理想。需要注意的是，无论是享受政策的企业数还是减免税额，东中西地区分布存在较大的不平衡，东部地区情况较好，中西部地区特别是欠发达省市相对欠佳，这点需要引起管理部门的关注。

（2）预期目标实现度。主要考察政策制定环节所设计的政策预期目标（包括价值目标）的达成情况。企业研发费用加计扣除政策的预期目标是鼓励企业加大研发投入，增强企业技术创新能力。经过持续多年的大力推进落实和不断完善，企业研发费用政策一直朝着政策预期目标的方向实施。从近年来的调研反馈情况看，加计扣除政策对企业研发投入增长有较为明显的促进作用。根据 2015 年的问卷调查结果，已享受该政策优惠的 3250 家调查企业中，有 97.5% 表示享受政策后研发投入比享受该政策前有所增长。其中，研发投入比享受政策前平均增长 11%~20% 的企业最多，有 824 家，占 25.3%；其次是增长 6%~10% 的企业，有 801 家，占 24.6%；再次是增长 5% 以内的企业，有 763 家，占 23.5%；增长高达 21%~30% 和 30% 以上的企业分别有 344 家、376 家，占比合计为 22%；仅有 2.5%（142 家）的企业受研发周期等因素影响，研发投入有所减少（见图 7-4 和专栏 7-1）。

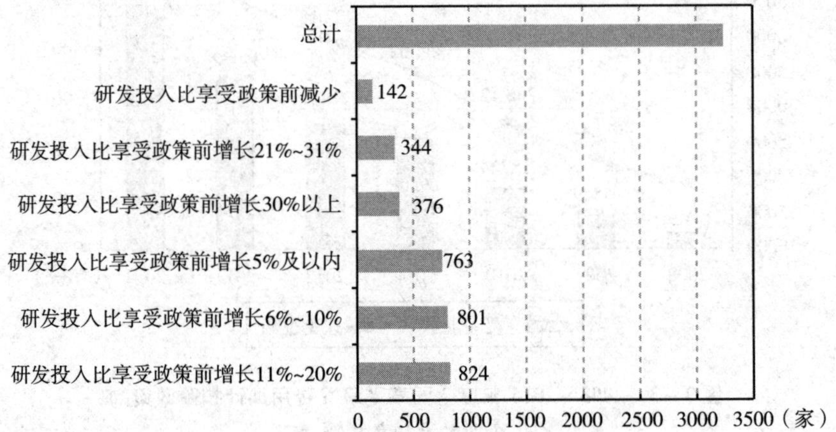

图 7-4　问卷调查企业研发投入变化情况

专栏 7-1

研发费用加计扣除政策激励企业加大研发投入的案例

2009~2011 年，沈阳鼓风机集团公司因享受研发费加计扣除政策，三年企业少缴所得税 1964.5 万元，而同期政府科技计划支持的项目经费只有 570 万元。该企业将享受政策得到的利润，每年拿出 100 万元奖励创新先进工作者和用于加大研发投入，在企业形成了良好的创新导向，近 10 年企业研发投入增长了近 20 倍，为企业实现技术创新与可持续发展提供了强大的资金保障。

资料来源：辽宁省科技厅。

专利数据是反映企业技术创新能力的一个重要指标。据国家科技评估中心问卷调查统计，近年来，已享受研发费用加计扣除政策的企业国内外发明专利申请数及授权数均呈现增长趋势，说明这些企业的技术创新能力在不断提升。从抽样数据看，2006～2011 年，问卷调查企业国内外发明专利授权数占申请数的比例基本保持在 60%～80%，2012 年高达 80.6%（见图 7－5 和专栏 7－2）。

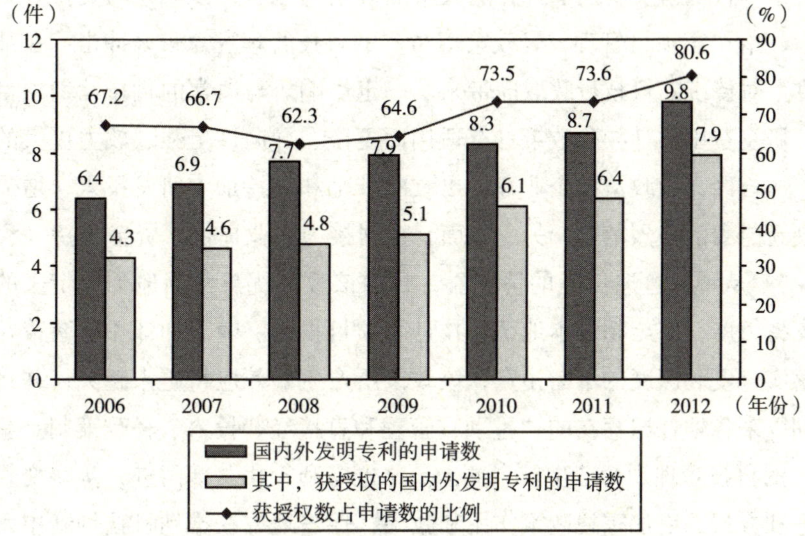

图 7－5　问卷调查企业发明专利（平均值）增长情况

专栏 7－2

研发费用加计扣除政策促进企业提升技术创新能力的案例

2010～2012 年，上海金发科技发展有限公司新增研发项目 19 项，投入研发经费约 3.36 亿元，通过落实企业研发费用加计扣除政策，享受税收抵扣约 2300 万元。政策享受后，新增高新技术成果转化认定项目 10 项，新增专利申请 434 件，获得国家级奖项 2 项、市级奖项 10 项、区级奖项 7 项。

资料来源：上海市科委。

通过上述分析，可以得出以下结论：从目前看，企业研发费用加计扣除政策对减低企业研发成本、激励企业加大研发投入作用明显，企业技术创新的积极性和创新能力也得到了相应提升，基本达到了现阶段政策预期目的。后期，政策效果需要进一步跟踪监测。

（3）政策影响。主要考察企业研发费用加计扣除政策实施后产生的远期影响，包括在政治、科技、经济、社会、生态等方面的影响。

第一，从研发费用加计扣除政策的政治功能看，该政策的支持方式和效应，给“重项目管理，轻政策落实”的科技管理理念带来冲击，在某种程度上对传统的科技行政取向带来了一定影响。与通常的科技计划项目相比，研发费用加计扣除政策具有适用面更广、导向性更强、效力更大的特点。一方面，该政策向企业释放出政府鼓励和支持加大研发投入、增强自主创新能力的强烈信号；另一方面，也间接为企业提供了资金支持（税收减免）。从地方普遍反馈的情况看，目前该政策优惠给当地企业带来的资金支持力度，甚至超过本地区科技计划项目投入。随着加计扣除政策在各地落实广度和深度的不断拓宽，该政策所产生的效应将越来越大，并将对长期以来各地普遍存在的“重项目管理和直接经费投入、轻政策制定和落实”的科技管理观念产生较大冲击。这也有利于相关部门进一步转变管理观念和方式，更加重视政策作用和效果，促进地方在推动科技创新中发挥更大作用。

第二，从政策实施的“经济效益”看，已享受研发费用加计扣除政策企业的销售收入（含新产品销售收入）、利润总额和上缴税额等重要经济数据基本呈逐年上升趋势。据问卷调查统计结果显示，问卷调查企业平均销售收入由2006年的11531.1万元，增长至2012年的17675.1万元，增幅达53.3%。其中，新产品销售收入由8501.4万元增长至13721.1万元，增幅达61.4%，超过销售收入增长幅度8个百分点。企业研发经费占销售收入的比重，由2006年的4.91%提高到了2012年的5.76%。另外，2012年企业的平均利润总额和平均上缴税金分别达到了3895.8万元、1349.1万元，与2006年的2186万元和752.6万元相比，分别增长了78.2%和79.3%（见图7-6和图7-7）。

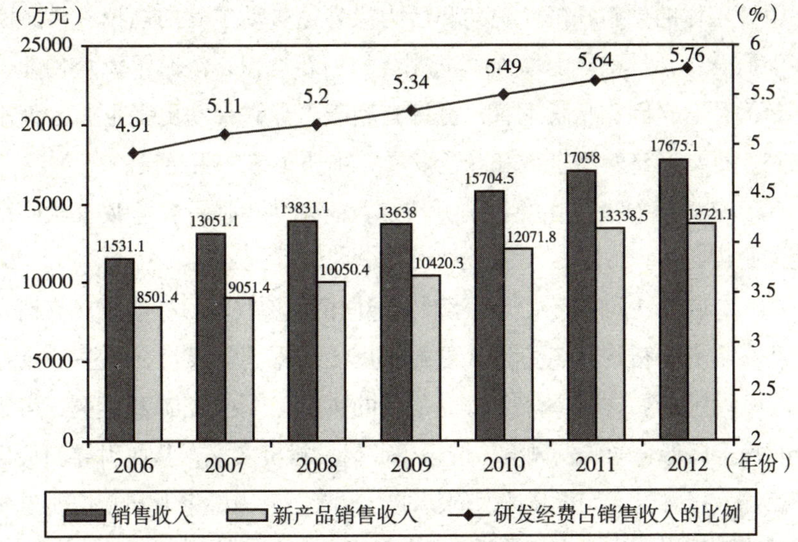

图 7－6　问卷调查企业销售收入和研发强度（平均值）增长情况

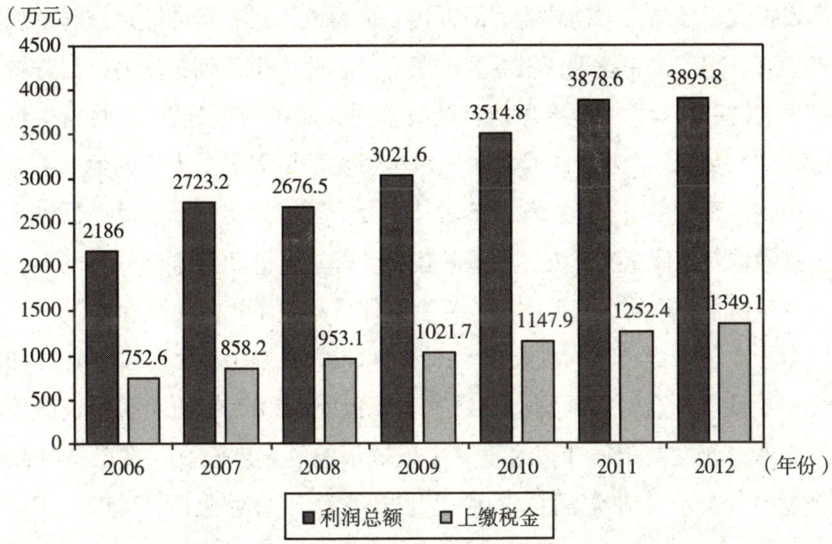

图 7－7　问卷调查企业利润总额和上缴税金（平均值）增长情况

第三，从政策推动科技进步、社会发展和生态进化等价值作用看，企业研发费用加计扣除政策通过多年实施，在加强和改善企业研发管理、推进企业科技创新和技术升级，促进企业科研仪器设备、产品更新换代，加强企业科技创新人才队伍建设等方面发挥了积极效用；同时，通过对企业这一重要主体的创新积极性调动和活力激发，带动了其与高校、科研院所的产学研合作，从整体上增强了全社会的创新意识，浓厚了大众创业、万众创新的社会氛围；从长远看，也将有利于引导和带动更多企业走创新发展之路，推动经济转型升级和绿色发展，加快生态文明建设。

（4）政策满意度。主要评估分析企业研发费用加计扣除政策认同度和公众满意度。

第一，政策认同度。主要考察政策导向价值被政策目标群体（有研发投入企业）等有关利益方接受和认可的程度。根据调研反馈，在多数企业看来，“少一些税负、多一些利润，是最大的实惠”，政府的减税让利，可以在一定程度上降低企业研发风险、增强企业研发投资意愿，从而引导和促进企业不断加大研发投入，提高技术创新能力与水平。一些企业甚至把研发费用加计扣除政策当作是“企业持续增加研发投入，增强自主创新能力”的一剂“强心针”。有关部门和地方普遍认为，研发费用加计扣除政策是调动企业加大研发投入，提高自主创新能力最直接、最有效、最管用的政策杠杆，企业如能学好、用好这一政策，将会真正激发出企业内生的创新动力，促进持续创新发展。一些地方甚至形象地将该政策比喻成“一把好钢”，将自主创新比喻成“刀刃”，认为“这把好钢”切实用在了“刀刃”上。其他有关方面也认识到，研发费用加计扣除政策对鼓励企业开展自主创新活动，促进企业成为技术创新主体意义重大，对该政策寄予厚望，并积极推动政策落实，如人大、政协督查调研，跟踪问效；社会媒体广泛关注，持续报道等。

第二，公众满意度。主要考察政策目标群体（有研发投入企业）和科技界相关社会公众对政策实施效果的满意程度。2015 年的问卷调查结果显示，企业对研发费用加计扣除政策实施效果的满意度较高。在已享受政策的企业中，表示“非常满意”和“比较满意”的企业占 52.5%。不过，也有小部分企业表示“一般满意”（7.3%）和“不满意”（0.2%）。从科技界相关社会公众来看，普遍对该政策实施成效给予肯定评价，同时也希望政策在当前我国经济发展进入新常态、经济从高速增长转向高质量发展阶段，能够发挥更大的杠杆效应。

通过上述分析，可以得出以下结论：企业研发费用加计扣除政策导向和价值得到政策目标群体、部门和地方等方面广泛认可，政策认同度高，政策的远期影响已初步显现。总体上看，企业等有关方面对当前政策实施效果较为满意，同时也对该政策发挥更大激励效应寄予期待。

综合分析看，在政策效果环节方面，企业研发费用加计扣除政策产出较为明显，但需要关注东中西地区政策受益失衡明显的现象，并采取有关措施推动欠发达省市加大政策落实力度和扩大企业受益面；总体来看，政策对激励企业加大研发投入效果显著，一定程度上也提升了企业技术创新能力，现阶段的政策预期目标基本实现；政策在政治功能、科技进步、经济效益等方面的价值作用和影响已初步显现，随着政策长期持续深入实施，其在社会发展和生态进化等方面的作用和影响有望逐步显现；企业和有关方面对政策的认同度和满意度较高。

在对政策设计、政策执行和政策效果三环节，依据研究设计的评估指标进行逐一评估分析基础上，对照第六章提出的中国科技创新政策综合评估指标赋值评分规则和评级标准，形成了企业研发费用加计扣除政策综合评估指标评分表，并对该政策的综合绩效进行了评定（见表7－7）。

表7－7 企业研发费用加计扣除政策综合评估指标评分

<table>
<tr><th>综合评级</th><th>准则层评级</th><th>一级指标评分</th><th>二级指标评分</th></tr>
<tr><td rowspan="9">企业研发
费用加计
扣除政策
综合绩效
总分：100
得分：80

好 （ ）
较好（√）
一般（ ）
差 （ ）</td><td rowspan="9">**政策设计**
总分：20
得分：17.5

好 （√）
较好（ ）
一般（ ）
差 （ ）</td><td rowspan="2">1. 相关性
满分：5 得分：5</td><td>1.1 需求相符性
满分：3 得分：3</td></tr>
<tr><td>1.2 合法合规性
满分：2 得分：2</td></tr>
<tr><td rowspan="3">2. 科学性
满分：5 得分：4.5</td><td>2.1 目标明晰度
满分：2 得分：2</td></tr>
<tr><td>2.2 问题针对性
满分：2 得分：2</td></tr>
<tr><td>2.3 程序完整性
满分：1 得分：0.5</td></tr>
<tr><td rowspan="2">3. 适当性
满分：5 得分：3.5</td><td>3.1 公平性
满分：3 得分：2.5</td></tr>
<tr><td>3.2 创新性
满分：2 得分：1</td></tr>
<tr><td rowspan="2">4. 可操作性
满分：5 得分：4.5</td><td>4.1 概念界定清晰度
满分：2 得分：2</td></tr>
<tr><td>4.2 参数的具体化程度
满分：3 得分：2.5</td></tr>
</table>

续表

<table>
<tr><th>综合评级</th><th>准则层评级</th><th>一级指标评分</th><th>二级指标评分</th></tr>
<tr><td rowspan="12">企业研发
费用加计
扣除政策
综合绩效
总分：100
得分：80

好　（　）
较好（√）
一般（　）
差　（　）</td><td rowspan="6">政策执行
总分：30
得分：24

好　（　）
较好（√）
一般（　）
差　（　）</td><td>5. 政策资源的充足性
满分：5　得分：4.5</td><td>—</td></tr>
<tr><td rowspan="2">6. 组织管理保障度
满分：10　得分：7.5</td><td>6.1 工作机制
满分：5　得分：4</td></tr>
<tr><td>6.2 管理效率
满分：5　得分：3.5</td></tr>
<tr><td>7. 政策协调性
满分：5　得分：3</td><td>—</td></tr>
<tr><td rowspan="2">8. 政策便捷性
满分：10　得分：9</td><td>8.1 细则流程的公开透明度
满分：5　得分：5</td></tr>
<tr><td>8.2 程序的简便性
满分：5　得分：4</td></tr>
<tr><td rowspan="6">政策效果
总分：50
得分：38.5

好　（　）
较好（√）
一般（　）
差　（　）</td><td rowspan="2">9. 政策产出
满分：5　得分：3.5</td><td>9.1 政策知晓度
满分：2　得分：1.5</td></tr>
<tr><td>9.2 政策受益面
满分：3　得分：2</td></tr>
<tr><td>10. 预期目标实现度
满分：25　得分：20</td><td>—</td></tr>
<tr><td>11. 政策影响
满分：10　得分：7</td><td>—</td></tr>
<tr><td rowspan="2">12. 政策满意度
满分：10　得分：8</td><td>12.1 政策认同度
满分：3　得分：3</td></tr>
<tr><td>12.2 公众满意度
满分：7　得分：5</td></tr>
</table>

注：评级标准依据表6－2《中国科技创新政策综合评估指标的评级标准》进行。

需要特别说明的是，在此设计打分环节不是为了政策排名，[①] 而是为了便于对不同政策的综合绩效有个分类的区间比较（好、较好、一般、差），以便政策制定、监督部门或有关方面在政策间可以有对比分析，同时也有助于直观体现被评估政策各环节和关键要素的突出表现之处和薄弱环节，为后续的政策推动落实和调整完善提供更加有力的参考依据。进一步而言，评分是技术手段，仅是参考，对政策各环节、各评估议题的诊断分析以及给出的评估意见、判断、结论及政策建议更为关键。

① 排名不是开展科技创新政策评估的目的。关于评估功能和目的的探讨在第三章第二节的第一小节中已有较为充分的阐述，在此不再赘述。另外，单纯从分值看，也不能很好说明问题。

三、《配套政策》综合评估框架和指标研究

（一）《配套政策》的属性与特点

《配套政策》是《科技规划纲要》的重要组成部分，也是《科技规划纲要》实施的“软环境”支撑。《配套政策》由60条政策措施和70多项实施细则构成，是典型的复合型政策。

《配套政策》集中体现了以下几个特点：一是以提升企业自主创新能力，促进企业成为技术创新主体为重点，为今后的政策走向指明了方向；二是由国务院20多个部门联合研究制定，突出了科技政策与经济政策相互融合的特点；三是以提升自主创新能力为主线，以营造综合性政策环境带动企业创新能力建设，着力解决长期存在的企业技术创新能力薄弱、尚不能成为创新主体等一系列问题。《配套政策》制定探索了我国创新政策的新模式，充分体现了各项政策的相互作用和协调，对今后自主创新政策的不断完善具有重要的指导意义。

自2006年国务院对外发布《配套政策》至今已有10余年，各项政策细则处于深入落实阶段，其中有个别政策在这期间也进行过一些调整完善，以更好适应我国科技创新发展需要。

（二）《配套政策》综合评估的逻辑框架与指标体系设计

以下基于科技创新政策综合评估框架，针对《配套政策》的内容和特点，构建其综合评估逻辑框架（见图7-8）。鉴于《配套政策》已实施多年，离《科技规划纲要》规划的2020年期限不到2年，各项政策细则落实已到了一个较为深入的阶段，并已产生了一定效果，在评估的时间节点上属于过程评估和结果评估，侧重对效果进行评估。同时，通过政策执行情况和效果反观《配套政策》本身及其所属相关政策设计的科学性、合理性和可操作性。

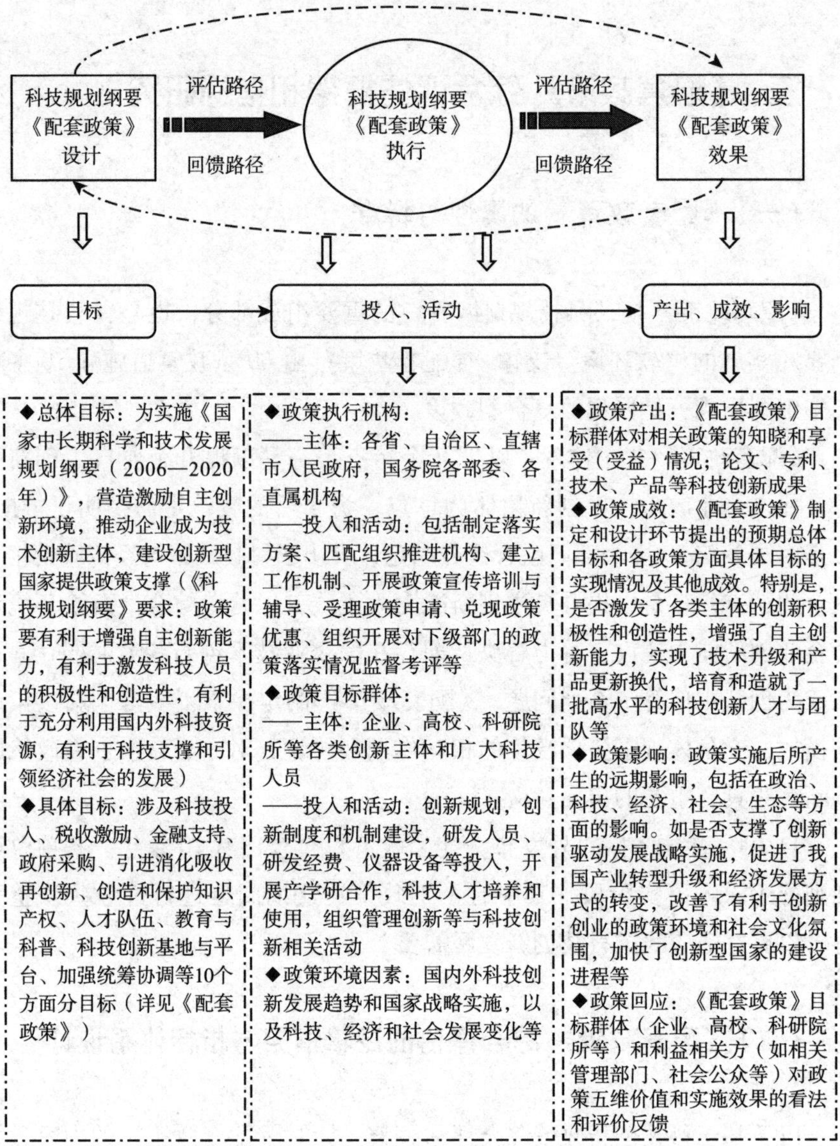

图7－8　科技规划纲要《配套政策》综合评估框架

根据科技创新政策综合评估的理念和思路，结合《配套政策》的复合型特点，以及“目标—投入—活动—效果”的评估逻辑主线，图7－8在政策设计环节，梳理了《配套政策》总体目标和其10个政策方面的分目标；在政策执行环节，细化提出了该政策执行机构、目标群体以及影响政策执行的环境因素；在政策效果环节，对产出、成效、影响以及政策回应等关键要素进行了具体化。

在第六章中国科技创新政策综合评估指标体系框架指导下，结合《配套政策》综合评估逻辑和内容特点，形成了《配套政策》综合评估指标体系。统筹考虑总体评估和具体案例评估指标框架的一致性，以及具体案例评估内容的针对性，《配套政策》综合评估一级、二级指标与表 6－1 的科技创新政策综合评估指标保持统一，重点在二级指标内涵界定和指标解释方面结合该政策情况进行了细化和针对性的设计（见表 7－8）。

表 7－8　《配套政策》综合评估指标体系

目标层	环节准则层	一级指标	二级指标	指标含义说明	证据来源及方法
科技规划纲要《配套政策》综合绩效	政策设计	1. 相关性	1.1 需求相符性	《配套政策》与国家科技创新发展战略、中长期科技规划纲要目标、方向和重点的相符性和关联度	文献分析、政策制定官员访谈、专家判断
			1.2 合法合规性	《配套政策》内容与《中华人民共和国科技进步法》、《中华人民共和国企业所得税法》及实施条例，以及 WTO 等相关国际规则的符合程度	文献分析、专题研究、专家判断
		2. 科学性	2.1 目标明晰度	《配套政策》总体目标与各政策方面具体目标是否明确、清晰、可考核	文献分析、专家判断
			2.2 问题针对性	《配套政策》目标、内容与拟解决问题的针对性	文献分析、政策制定官员访谈、政策目标群体访谈、专家判断
			2.3 程序完整性	《配套政策》从议程设立、方案规划，到方案的合法化等政策程序是否完整，政策论证是否充分	文献分析、政策制定官员访谈、专家判断
		3. 适当性	3.1 公平性	《配套政策》中是否存在政策歧视现象，其政策资源在各类创新主体中的分配是否公平、公正	文献分析、政策目标群体访谈、专家判断
			3.2 创新性	《配套政策》政策措施的制定出台，是否引入了国际/国内先进的政策理念和政策工具，是否符合科技创新发展规律和特点	文献分析、官员访谈、比较分析、专家判断
		4. 可操作性	4.1 概念界定清晰度	《配套政策》文本及其实施细则涉及的概念是否清晰，是否会产生歧义	文献分析、专家判断
			4.2 参数的具体化程度	《配套政策》文本及其实施细则涉及的各项优惠、奖励或激励措施是否具体明确	文献分析、专家判断

续表

目标层	环节准则层	一级指标	二级指标	指标含义说明	证据来源及方法
科技规划纲要《配套政策》综合绩效	政策执行	5. 政策资源的充足性		《配套政策》政策执行所需的经费、人力、信息等资源是否充分（特别是各级政府的财政收入、税收支出和科技经费预算）	文献分析、官员访谈、实地调研、专家判断
		6. 组织管理保障度	6.1 工作机制	《配套政策》执行单位（各省、自治区、直辖市人民政府，国务院各相关部委、直属机构）是否采取了推动政策落实的有效工作机制（包括宣传解读、组织保障、监督检查、考核评价等）	文献分析、官员访谈、实地调研、专家判断
			6.2 管理效率	《配套政策》政策执行单位（各省、自治区、直辖市人民政府，国务院各相关部委、直属机构）及人员对政策的贯彻执行是否按计划和时间进度推进，是否迅速、高效	文献分析、官员访谈、实地调研、专家判断
		7. 政策协调性		《配套政策》及实施细则与经济、社会等领域相关政策，以及与本领域其他相关政策的协调衔接程度	政策文本分析、官员访谈、政策目标群体访谈、实地调研、案例分析、专家判断
		8. 政策便捷性	8.1 细则流程的公开透明度	《配套政策》实施细则及流程是否公开和清晰	政策文本分析、政策目标群体访谈、实地调研、专家判断
			8.2 程序的简便性	《配套政策》实施细则的具体操作流程是否方便、不烦琐	政策文本分析、政策目标群体访谈、实地调研、专家判断

续表

目标层	环节准则层	一级指标	二级指标	指标含义说明	证据来源及方法
科技规划纲要《配套政策》综合绩效	政策效果	9. 政策产出	9.1 政策知晓度	《配套政策》目标群体（企业、高校、科研院所和广大科技人员）对《配套政策》及实施细则的了解和熟悉情况	官方统计数据、政策目标群体问卷调查
			9.2 政策受益面	《配套政策》目标群体（企业、高校、科研院所和广大科技人员）中，享受到相关政策（特别是重点政策）优惠者数量占符合政策条件者数量的比例	官方统计数据、政策目标群体问卷调查
		10. 预期目标实现度		《配套政策》制定环节所设计的政策预期目标的（包括总体目标与各政策方面具体目标，以及“五维价值”相关导向目标）达成情况	政策文本分析、问卷调查、实地调研和访谈、案例分析、比较分析
		11. 政策影响		《配套政策》实施后产生的远期影响，包含在政治、科技、经济、社会、生态等方面的影响（正面的和负面的，直接的和间接的）	文献分析、实地调研和访谈、案例分析、比较分析
		12. 政策满意度	12.1 政策认同度	《配套政策》的政策导向及价值被政策目标群体（企业、高校、科研院所和广大科技人员）等有关利益方接受和认可的程度	问卷调查、政策目标群体和利益相关方访谈、政策的网络舆情分析
			12.2 公众满意度	政策目标群体（企业、高校、科研院所和广大科技人员）和科技界社会公众对政策实施效果的满意程度	问卷调查、政策目标群体访谈、政策的网络舆情分析

以下根据表6－3对所评估政策一级和二级指标的赋权原则、方法和标准，对科技规划纲要《配套政策》的一级、二级评估指标设置了相对应的权重，便于具体评估实践参考（见表7－9）。

表 7－9　科技规划纲要《配套政策》综合评估指标赋权

目标层	环节准则层	一级指标	二级指标
科技规划纲要《配套政策》综合绩效（100%）	《配套政策》设计（20%）	1. 相关性（5%）	1.1 需求相符性（3%）
			1.2 合法合规性（2%）
		2. 科学性（5%）	2.1 目标明晰度（2%）
			2.2 问题针对性（2%）
			2.3 程序完整性（1%）
		3. 适当性（5%）	3.1 公平性（3%）
			3.2 创新性（2%）
		4. 可操作性（5%）	4.1 概念界定清晰度（2%）
			4.2 参数的具体化程度（3%）
	《配套政策》执行（30%）	5. 政策资源的充足性（5%）	—
		6. 组织管理保障度（10%）	6.1 工作机制（5%）
			6.2 管理效率（5%）
		7. 政策协调性（5%）	—
		8. 政策便捷性（10%）	8.1 细则流程的公开透明度（5%）
			8.2 程序的简便性（5%）
	《配套政策》效果（50%）	9. 政策产出（5%）	9.1 政策知晓度（2%）
			9.2 政策受益面（3%）
		10. 预期目标实现度（25%）	—
		11. 政策影响（10%）	—
		12. 政策满意度（10%）	12.1 政策认同度（3%）
			12.2 公众满意度（7%）

（三）《配套政策》综合评估指标体系的应用分析

随着《科技规划纲要》2020 年规划期限的临近，《配套政策》实施成效特别是其对《科技规划纲要》目标实现的支撑效果，越来越得到相关政府部门和社会有关方面的关注。《科技规划纲要》执行到期后或即将到期时，有必要进行系统评估，总结经验，吸取教训，回应各方关切，这对《配套政策》总结评估提出了现实需求。通过《配套政策》的系统总结评估，也可为新时期科技创新政策体系的构建和发展，以及新一轮中长期科技规划及相关配套政策措施的研究制定提供有益参考。

本书设计的《配套政策》综合评估框架和指标体系，融合了笔者2008年以来对《配套政策》及其实施细则和有关创新政策实施情况与效果的跟踪研究思考，并结合《配套政策》实施中期专题调研评价情况进行了优化完善，体现了国内外科技创新政策的发展趋势和特点，具有较强的现实意义和应用价值。

《配套政策》内容丰富，对其10个方面60条70多项实施细则实施情况的具体评估分析需要有大量、充分的评估证据和数据信息作为支撑，目前由于客观条件所限，政策总体实施情况数据比较欠缺、证据偏少（特别是近五年以来的），[①] 文中暂无法参照企业研发费用加计扣除政策的试评估做法进行指标体系的详细应用分析。不过，通过对研发费用加计扣除政策评估指标体系的检验分析结果，以及基于中国科技创新政策评估准则和基本指标的相通性与相容性原则，可以推断《配套政策》综合评估指标体系同样具有适用性和可操作性。唯一的区别在于，对《配套政策》评估涉及的政策数量相对较多，需要在总的政策体系视角下对诸多单一性政策评估分析的基础上进行更多的综合分析，因此评估的工作量较大，复杂程度也较高。

---

① 另外，需要说明的是，随着2014年国务院发文启动中央财政科技计划管理改革，特别是国家“863计划”“973计划”、科技支撑计划等科技主体计划与其他有关计划（专项、基金等）优化整合后，《配套政策》的一些相关细则文件（如“科技投入”方面的《国家高技术研究发展计划（863计划）专项经费管理办法》《国家重点基础研究发展计划专项经费管理办法》《国家科技支撑计划专项经费管理办法》等）逐步被新的政策文件所取代；有的细则文件则根据政策发展需要，进行了修订完善，如《关于企业技术创新有关企业所得税优惠政策的通知》《关于科技企业孵化器有关税收政策问题的通知》等；还有的因履行“创新政策与提供政府采购优惠不挂钩”的对外承诺，给予了停止执行，如《自主创新产品政府采购预算管理办法》《自主创新产品政府采购评审办法》《自主创新产品政府采购合同管理办法》三个文件。这些变化和调整，也是政策分析中所需要注意的。

第八章

结　语

一、研究的主要结论

研究发现，尽管国外特别是西方发达国家和一些国际组织在科技创新政策评估的理论方法研究和实践上进行了积极探索，也积累了一些研究成果，但专门针对科技创新政策评估框架和指标的研究还比较少，尚未形成一套国际通行、针对性较强的科技创新政策评估框架与指标体系。从国内情况看，我国是科技创新政策“高产”国家，特别是近十余年，随着科技创新改革的深入推进，政策出台的数量很多，出台的频度、力度前所未有。从中央到地方、从政府部门到社会公众等对政策落实和成效高度关注，评估作为科技政策管理中的重要一环，得到越来越多的重视，科技创新政策评估需求也越来越大。但总体来说，由于发展起步较晚，评估在我国科技创新政策管理中仍属于比较薄弱的环节，科技创新政策评估实践中还缺乏系统、规范的评估理论方法指导，迄今也尚未形成一套适合我国国情、得到业界普遍认可的评估框架和指标体系。理论方法建构滞后于实践需求、评估范式的缺乏，制约了科技创新政策评估在我国的专业化、科学化和制度化发展，也影响了评估对科技决策和管理支撑的效果。鉴于上述问题，本书在对国内外科技创新政策评估理论方法进行梳理分析的基础上，针对当前研究的薄弱环节，研究构建了中国科技创新政策综合评估框架和指标体系，并结合我国政策国情和科技创新政策特点，对单一性和复合型政策进行了实证研究和案例分析。主要研究结论和成果如下。

（一）科技创新价值、科技创新政策价值、科技创新政策评估价值三者之间存在着紧密的内在关联

本书对科技创新及其政策评估的价值内涵进行了挖掘，分别探讨了科技创新（活动）的价值属性、科技创新政策的价值取向和科技创新政策评估价值尺度。研究认为，科技创新价值是科技创新政策价值的基础与先导，由政治价值、文化价值、经济价值、社会价值、生态价值等多种价值共存进而形成一个完成的价值体系；科技创新政策价值是科技创新价值在政策领域的体现和反映，科技创新价值可通过科技创新政策载体形式及传导机制给予彰显和强化，向科技界和社会公众宣传、引导、传递和扩散；科技创新政策评估具有突出的价值向度，除了有引导激励、监督约束、改进纠偏等评估导向，及分析诊断、决策支撑、优化资源配置等目的和功能外，还具有启蒙和学习的功能。科技创新政策的评估价值向度既涉及对科技创新（活动）价值及科技创新政策价值取向的评价，又包含对一般公共政策领域的政策评估的适当性、公平性等价值尺度。基于三者具有紧密的内在联系，在开展科技创新政策评估研究，特别在探讨价值层面评估时，不能忽略对其中一方的认知和对三者关系的整体把握。

（二）中国科技创新政策具有转型期政府干预科技创新活动的特点和“五维”价值取向

研究认为，科技创新政策是相当长一段时期以来，我国政府干预科学、技术和创新活动的重要手段，也是纠正市场失灵、弥补系统失灵（如创新主体间知识流动不顺畅）、修正伦理失范的核心工具。近年来，各级政府部门频频出台各类科技创新政策，一方面说明创新主体和广大科研人员对创新支持政策有迫切的现实需求；另一方面也体现了创新驱动发展转型阶段中国的政策国情和科技创新管理特点。面对公共品、外部性、信息不对称、垄断等市场风险，以纠正市场、系统失灵或伦理失范为基本出发

点，科技创新政策这只“看得见的手”在国内从基础研究、试验发展，到示范推广等各个创新环节均有所介入，并一直保持“强干预”的历史阶段特征。相应地，我国科技创新政策的价值及内涵也是丰富的，具有多元性特征，结合国内科技创新现状、创新驱动发展新形势和相关政策发展实践分析，本研究凝练提出了中国科技创新政策具有政治功能、科技进步、经济效益、社会发展和生态进化五维价值取向。

其中，政治功能由科技创新政策的本质和属性所决定的，具体体现为在实施创新驱动发展战略、建设创新型国家背景下，政府鼓励和支持科技创新、倡导创新驱动发展的行政价值取向和政策导向，也包含政策的“软性价值”，如一些不具有实操性政策的象征性、指导性意义；科技进步是科技创新政策的基本价值追求，核心目标是通过技术、知识、人才、设备等创新资源整合和优化提升，从整体上提高各类创新主体的科技创新能力，特别是自主创新能力；经济发展主要指科技创新政策对促进创新成果转移转化、向经济领域应用和扩散的实际效用，强调的是经济效益，目前越来越受到科技界和产业界等相关方面关注；社会发展主要指科技创新政策对提高全社会创新意识，培育创新文化和精神，以及进大众创业、万众创新的社会效应，并强调创新成果的共享；生态进化是科技创新政策的更高层次价值目标，重点关注科学技术发展对生态环境和生态文明建设的影响，强调创新发展与绿色发展、生态文明与社会治理相融合的政策理念。这些价值的融合充分体现了科技创新政策在我国创新治理体系和推动科技创新发展中的重要地位与作用。

（三）价值判断是评估的核心，科学的科技创新政策评估范式应是技术性评估和价值评估的有机统一

在政策评估发展过程中，曾存在技术性评估范式和价值评估范式之争。需要强调的是，价值是政策的灵魂，政策是价值的具体表达，价值分析和判断是政策评估中不可缺少的向度。开展中国科技创新政策评估不能仅局限于技术层面和事实层面的评估，必须对价值层面问题做出判断，做到事实评估和价值评估有机融合。目前政策评估的发展趋势是，逐步由技

术性评估范式向以技术分析为工具、以价值评估为落脚点的系统性综合评估范式转变。此外，评估的本质是一种建构的过程，科技创新政策评估采取的模式应更加关注评估的促进发展功能，注重回应、协商和共同构建，重视被评估者和其他利益相关方。

（四）研究构建了覆盖政策三环节、价值与事实评估相结合、适合政策国情的中国科技创新政策综合评估框架和指标体系，形成了一套体系化的评估理论分析框架、方法工具和评估模式

本书针对已有评估框架聚焦政策效果、对政策设计和政策执行关注不够，重技术分析、轻价值判断，与实践结合不紧、操作性和实用性较为欠缺等缺陷和不足，提出了价值和事实尺度有机联结、政策全过程环节系统关联、立足政策国情的科技创新政策综合评估理念。在研究借鉴国外先进评估理念和方法的基础上，以公共政策评估理论、创新理论和科技价值理论为理论基础，结合我国科技创新政策的内容和价值特征，研究提出了以价值评估为内核、技术分析为工具，涉及政策制定（设计）、政策执行和政策效果全过程，可实现全面动态分析，并能体现目标管理、绩效管理和循证评估要求的中国科技创新政策综合评估框架。该评估框架既遵循了公共政策评估的基本逻辑框架，又凸显了中国科技创新政策的特征，融合了科技创新政策的核心理念、政策工具、政策实施过程和绩效；覆盖了政策评估的“前、中、后”各个环节，形成了完整的评估路径和对下一轮政策制定的反馈路径；既适用于单一性政策，也适用于复合型政策，可以为不同类型政策提供基础框架指导。

同时，立足于研究构建的科技创新政策综合评估框架，综合考虑中国科技创新政策属性、特点及综合评估的要求，提出了系统性、针对性、可操作性、指导性和可拓展性等指标体系设计原则，并依据这些原则设计了由目标层、准则层、12 个一级核心指标和 17 个二级核心指标构成的中国科技创新政策综合评估指标体系，将该评估框架转化为可测度的具体考察指标，涵盖了政策设计、政策执行和政策效果三个环节，既包括事实评估类指标，也包括价值评估类指标，各环节、各层次、各类型指标相互补

充、衔接配套，共同构成了系统化的中国科技创新政策价值与事实综合评估的指标体系。在对相关指标进行检验和修订的基础上，采用实践经验法及与专家咨询评议相结合的方法，按照指标的重要性等排序，给各级指标进行赋权，并形成指标的评分和综合评级标准。

（五）对单一性和复合型政策进行了实证研究和检验，结果显示研究设计的科技创新政策综合评估框架及指标体系具有良好的适用性

在作整体适用性分析基础上，分别从单一性政策和复合型政策中，各选择一项典型政策（前者企业研发费用加计扣除政策，后者为《科技规划纲要》的《配套政策》）进行实证研究和检验，并细化形成了符合典型案例内容特点的评估框架和指标体系。实证分析结果显示，本书构建的中国科技创新政策综合评估框架和指标体系能够较好地将相关评估理论、方法与实践需求结合起来，具有良好的适用性，对科技创新政策评估实践具有较强的指导作用和应用价值。

二、进一步研究的展望

当前，随着国家创新驱动发展战略的大力实施和科技体制改革不断深化，科技管理改革已进入一个新的阶段，科技创新政策及其评估工作日益受到政府部门、各类创新主体、科技界相关方面的高度重视和关注，对科技创新政策评估的研究已成为政策科学与科技管理领域研究的重点和热点，具有重要的理论和现实意义。

本书对科技创新政策评估理论方法的研究还仅是阶段性成果，研究构建的中国科技创新政策综合评估框架和指标体系在为科技创新政策全过程系统评估提供一个可供参考的新视角、新框架、新方法的同时，还存在可拓展和完善的空间，也有一些议题值得进一步深入探讨，比如对不同领域类别科技创新政策的细分研究，包括更大范围的典型案例评估研究与检

验、针对具体政策案例评估指标的更具针对性的研究等。同时，需要指出的是，与科技计划项目、科研机构、科技创新基地和平台等具体对象的评估相比，科技创新政策综合性较强，因受对象内容宽泛、覆盖面广、政策数据不完备、数据采集困难等因素影响，具有天然的评估复杂性。有的政策原则性、指导性、号召性较强，实质内容不多，可评估性较差，如决定、指导意见类的政策文件；有的政策缺乏稳定的数据采集渠道和其他有效信息来源，对政策实施效果判断必要的证据支撑；有的政策与其他层级、领域的相关政策措施在内容上存在相互交织的现象，加上政策实施中受政策环境发展变化、地区科技基础及经济条件、企业等创新主体发展路径和模式等因素影响，其政策效果难以准确归因。对复合型政策而言，由于涉及若干具体单项政策，有的甚至涉及多个政策方面，整体性评估的难度更大，评估的成本更高。

上述等等，可能将给实际的评估工作带来一定的局限性和挑战，需要我们在具体评估实践中，从评估的方法、工具和模式上进一步采取有效办法给予应对，更好地提升评估的科学性和有效性，平衡好评估效果和效率之间的关系。另外，当前国内对“第三方”评估显示了更多的关注度，在科技创新政策评估领域，也需要积极培育有利于“第三方”评估的生态，实现内部评估和外部评估、管理改进型评估和公众问责型评估的兼容互补，着力加强评估能力建设，大力发展专业化的评估机构和人才队伍，更好地适应科技创新政策评估发展的需要。

最后需要说明的是，科技创新政策评估是一个动态而复杂的管理过程，没有一成不变的评估模式，还需要结合政策评估理论方法的发展演变，科技创新政策在不同历史时期的内容、特点与作用，以及科技政策管理工作的新需求等不断深化和完善。

附录1

《国家中长期科学和技术发展规划纲要（2006—2020年）》配套政策文件内容

国务院关于印发实施《国家中长期科学和技术发展规划纲要（2006—2020年）》若干配套政策的通知

国发〔2006〕6号

各省、自治区、直辖市人民政府，国务院各部委、各直属机构：

现将《实施〈国家中长期科学和技术发展规划纲要（2006—2020年）〉的若干配套政策》印发给你们，请结合实际，认真贯彻执行。

附件：实施《国家中长期科学和技术发展规划纲要（2006—2020年）》的若干配套政策

中华人民共和国国务院

2006年2月7日

附件：

实施《国家中长期科学和技术发展规划纲要（2006—2020年）》的若干配套政策

为实施《国家中长期科学和技术发展规划纲要（2006—2020年）》（国发〔2005〕44号，以下简称《规划纲要》），营造激励自主创新的环境，推动企业成为技术创新的主体，努力建设创新型国家，特制定如下配套政策：

一、科技投入

（一）大幅度增加科技投入。建立多元化、多渠道的科技投入体系，全社会研究开发投入占国内生产总值的比例逐年提高，使科技投入水平同进入创新型国家行列的要求相适应。

（二）确保财政科技投入的稳定增长。各级政府把科技投入作为预算保障的重点，年初预算编制和预算执行中的超收分配，都要体现法定增长的要求。2006年中央财政科技投入实现大幅度增长，在此基础上，“十一五”期间财政科技投入增幅明显高于财政经常性收入增幅。

（三）切实保障重大专项的顺利实施。《规划纲要》确定的重大专项的实施，要遵循“成熟一个、启动一个”的原则，组织专家进一步进行全面深入的技术、经济等可行性论证，并根据国家发展需要和实施条件的成熟度，报经国务院批准后，统筹落实专项经费，以专项计划的形式逐项启动实施。

（四）优化财政科技投入结构。财政科技投入重点支持基础研究、社会公益研究和前沿技术研究。合理安排科研机构正常运转、政府科技计划（基金）和科研条件建设等资金。重视公益性行业科研能力建设，建立对公益性行业科研的稳定支持机制。优化政府科技计划体系，明确支持方向，重点解决国家、行业和区域经济社会发展中的重大科技问题。

（五）发挥财政资金对激励企业自主创新的引导作用。创新投入机制，整合政府资金，加大支持力度，激励企业开展技术创新和对引进先进技术的消化吸收与再创新。要引导和支持大型骨干企业开展竞争前的战略性关键技术和重大装备的研究开发，建立具有国际先进水平的技术创新平台；

加强面向企业技术创新的服务体系建设。加大对科技型中小企业技术创新基金等的投入力度，鼓励中小企业自主创新。

（六）创新财政科技投入管理机制。在科研基地布局、人才队伍建设、政府科技计划设立、科研条件建设等方面，建立协调高效的管理平台，优化资源配置，使财政科技投入效益最大化。改革和强化科研经费管理，对科研课题及经费的申报、评审、立项、执行和结果的全过程，建立严格规范的监管制度。建立财政科技经费的绩效评价体系，明确设立政府科技计划和应用型科技项目的绩效目标，建立面向结果的追踪问效机制。

二、税收激励

（七）加大对企业自主创新投入的所得税前抵扣力度。允许企业按当年实际发生的技术开发费用的150%抵扣当年应纳税所得额。实际发生的技术开发费用当年抵扣不足部分，可按税法规定在5年内结转抵扣。企业提取的职工教育经费在计税工资总额2.5%以内的，可在企业所得税前扣除。研究制定促进产学研结合的税收政策。

（八）允许企业加速研究开发仪器设备折旧。企业用于研究开发的仪器和设备，单位价值在30万元以下的，可一次或分次摊入管理费，其中达到固定资产标准的应单独管理，但不提取折旧；单位价值在30万元以上的，可采取适当缩短固定资产折旧年限或加速折旧的政策。

（九）完善促进高新技术企业发展的税收政策。推进对高新技术企业实行增值税转型改革。国家高新技术产业开发区内新创办的高新技术企业经严格认定后，自获利年度起两年内免征所得税，两年后减按15%的税率征收企业所得税。继续完善鼓励高新技术产品出口的税收政策。完善高新技术企业计税工资所得税前扣除政策。

（十）支持企业加强自主创新能力建设。对符合国家规定条件的企业技术中心、国家工程（技术研究）中心等，进口规定范围内的科学研究和技术开发用品，免征进口关税和进口环节增值税；对承担国家重大科技专项、国家科技计划重点项目、国家重大技术装备研究开发项目和重大引进技术消化吸收再创新项目的企业进口国内不能生产的关键设备、原材料及零部件免征进口关税和进口环节增值税。

（十一）完善促进转制科研机构发展的税收政策。对整体或部分企业化转制科研机构免征企业所得税、科研开发自用土地、房产的城镇土地使用税、房产税的政策到期后，根据实际需要加以完善，以增强其自主创新能力。

（十二）支持创业风险投资企业的发展。对主要投资于中小高新技术企业的创业风险投资企业，实行投资收益税收减免或投资额按比例抵扣应纳税所得额等税收优惠政策。

（十三）扶持科技中介服务机构。对符合条件的科技企业孵化器、国家大学科技园自认定之日起，一定期限内免征营业税、所得税、房产税和城镇土地使用税。对其他符合条件的科技中介机构开展技术咨询和技术服务，研究制定必要的税收扶持政策。

（十四）鼓励社会资金捐赠创新活动。企事业单位、社会团体和个人，通过公益性的社会团体和国家机关向科技型中小企业技术创新基金和经国务院批准设立的其他激励企业自主创新的基金的捐赠，属于公益性捐赠，可按国家有关规定，在缴纳企业所得税和个人所得税时予以扣除。

三、金融支持

（十五）加强政策性金融对自主创新的支持。政策性金融机构对国家重大科技专项、国家重大科技产业化项目的规模化融资和科技成果转化项目、高新技术产业化项目、引进技术消化吸收项目、高新技术产品出口项目等提供贷款，给予重点支持。

国家开发银行在国务院批准的软贷款规模内，向高新技术企业发放软贷款，用于项目的参股投资。中国进出口银行设立特别融资账户，在政策允许范围内，对高新技术企业发展所需的核心技术和关键设备的进出口，提供融资支持。中国农业发展银行对农业科技成果转化和产业化实施倾斜支持政策。

（十六）引导商业金融支持自主创新。政府利用基金、贴息、担保等方式，引导各类商业金融机构支持自主创新与产业化。商业银行对国家和省级立项的高新技术项目，应根据国家投资政策及信贷政策规定，积极给予信贷支持。商业银行对有效益、有还贷能力的自主创新产品出口所需的流动资金贷款要根据信贷原则优先安排、重点支持，对资信好的自主创新产品出口企业可核定一定的授信额度，在授信额度内，根据信贷、结算管理要求，及时提供多种金融服务。

（十七）改善对中小企业科技创新的金融服务。商业银行与科技型中小企业建立稳定的银企关系，对创新活力强的予以重点扶持。加快建设企业和个人征信体系，促进各类征信机构发展，为商业银行改善对科技型中小企业的金融服务提供支持。

政府引导和激励社会资金建立中小企业信用担保机构，建立担保机构的资本金补充和多层次风险分担机制。探索创立多种担保方式，弥补中小企业担保抵押物不足的问题。政策性银行、商业银行和其他金融机构开展知识产权权利质押业务试点。

（十八）加快发展创业风险投资事业。制定《创业投资企业管理暂行办法》配套规章，完善创业风险投资法律保障体系。依法对创业风险投资企业进行备案管理，促进创业风险投资企业规范健康发展。鼓励有关部门和地方政府设立创业风险投资引导基金，引导社会资金流向创业风险投资企业，引导创业风险投资企业投资处于种子期和起步期的创业企业。在法律法规和有关监管规定许可的前提下，支持保险公司投资创业风险投资企业。允许证券公司在符合法律法规和有关监管规定的前提下开展创业风险投资业务。允许创业风险投资企业在法律法规规定的范围内通过债权融资方式增强投资能力。

完善创业风险投资外汇管理制度，规范法人制创业风险投资企业外汇管理，明确对非法人制外资创业风险投资企业的有关外汇管理问题。

（十九）建立支持自主创新的多层次资本市场。支持有条件的高新技术企业在国内主板和中小企业板上市。大力推进中小企业板制度创新，缩短公开上市辅导期，简化核准程序，加快科技型中小企业上市进程。适时推出创业板。

推进高新技术企业股份转让工作。启动中关村科技园区未上市高新技术企业进入证券公司代办系统进行股份转让试点工作。在总结试点经验的基础上，逐步允许具备条件的国家高新技术产业开发区内未上市高新技术企业进入代办系统进行股份转让。在有条件的地区，地方政府应通过财政支持等方式，扶持发展区域性产权交易市场，拓宽创业风险投资退出渠道。支持符合条件的高新技术企业发行公司债券。

（二十）支持开展对高新技术企业的保险服务。支持保险公司发展企业财产保险、产品责任保险、出口信用保险、业务中断保险等险种，为高新技术企业提供保险服务。

（二十一）完善高新技术企业的外汇管理政策。国家外汇管理局根据高新技术企业的实际需要，充分满足高新技术企业货物贸易和服务贸易用汇需求。深化境外投资外汇管理改革，支持国内企业设立海外研究开发设计机构、收并购国外研究开发机构或高新技术企业。

四、政府采购

（二十二）建立财政性资金采购自主创新产品制度。建立自主创新产品认证制度，建立认定标准和评价体系。由科技部门会同综合经济部门按照公开、公正的程序对自主创新产品进行认定，并向全社会公告。财政部会同有关部门在获得认定的自主创新产品范围内，确定政府采购自主创新产品目录（以下简称目录），实行动态管理。

加强预算控制，优先安排自主创新项目。各级政府机关、事业单位和团体组织（以下统称采购人）用财政性资金进行采购的，必须优先购买列入目录的产品。采购人在编制年度部门预算时，应当标明自主创新产品。财政部门在预算审批过程中，在采购支出项目已确定的情况下，优先安排采购自主创新产品的预算。发挥财政、审计与监察部门的监督作用，督促采购人自觉采购自主创新产品。

国家重大建设项目以及其他使用财政性资金采购重大装备和产品的项目，有关部门应将承诺采购自主创新产品作为申报立项的条件，并明确采购自主创新产品的具体要求。在国家和地方政府投资的重点工程中，国产设备采购比例一般不得低于总价值的60%。不按要求采购自主创新产品，财政部门不予支付资金。

（二十三）改进政府采购评审方法，给予自主创新产品优先待遇。在政府采购评审方法中，须考虑自主创新因素。以价格为主的招标项目评标，在满足采购需求的条件下，优先采购自主创新产品。其中，自主创新产品价格高于一般产品的，要根据科技含量和市场竞争程度等因素，对自主创新产品给予一定幅度的价格扣除。自主创新产品企业报价不高于排序第一的一般产品企业报价一定比例的，将优先获得采购合同。以综合评标为主的招标项目，要增加自主创新评分因素并合理设置分值比重。

经认定的自主创新技术含量高、技术规格和价格难以确定的服务项目采购，可以在报经财政部门同意后，采用竞争性谈判采购方式，将合同授予具有自主创新能力的企业。

完善自主创新产品政府采购合同管理，拒绝接受或提供合同约定自主创新产品的，财政部门应责令其纠正，否则不予支付采购资金。

（二十四）建立激励自主创新的政府首购和订购制度。国内企业或科研机构生产或开发的试制品和首次投向市场的产品，且符合国民经济发展要求和先进技术发展方向，具有较大市场潜力并需要重点扶持的，经认定，政府进行首购，由采购人直接购买或政府出资购买。

政府对于需要研究开发的重大创新产品或技术，应当通过政府采购招标方式，面向全社会确定研究开发机构，签订政府订购合同，并建立相应的考核验收和研究开发成果推广机制。

（二十五）建立本国货物认定制度和购买外国产品审核制度。采购人应根据《中华人民共和国政府采购法》规定，优先购买本国产品。财政部会同有关部门制定本国货物认定标准。采购人需要的产品在中国境内无法获取或者无法以合理的商业条件获取的（在中国境外使用除外），在采购活动开始前，需由国家权威认证机构予以确认并出具证明。采购外国产品时，坚持有利于企业自主创新或消化吸收核心技术的原则，优先购买向我转让技术的产品。

（二十六）发挥国防采购扶持自主创新的作用。国防采购应立足于国内自主创新产品和技术。自主创新产品和技术满足国防或国家安全需求的，应优先采购。政府部门对于涉及国家安全的采购项目，应首先采购国内自主创新产品，采购合同应优先授予具有自主创新能力的企业或科研机构。

五、引进消化吸收再创新

（二十七）加强对技术引进和消化吸收再创新的管理。凡由国家有关部门和地方政府核准或使用政府投资的重点工程项目中确需引进的重大技术装备，由项目业主联合制造企业制定引进消化吸收再创新方案，作为工程项目审批和核准的重要内容，报请国家有关主管部门审批（核准）后实施。

加强对引进技术工作的咨询和评估。重大技术和重大装备的引进消化吸收和再创新方案须经有关部门联合组织的专家委员会进行咨询论证，明确消化吸收和再创新的计划、目标和进度。将通过消化吸收是否形成了自主创新能力，作为对引进项目验收和评估的重要内容。

（二十八）鼓励引进国外先进技术，定期调整鼓励引进技术目录。

对国内尚不能提供、且多家企业需要引进的重大装备，国家鼓励统一招标，引导外商联合国内企业投标；在进口装备的同时，应当引进先进设计制造技术，并支持国内企业尽可能多地参与分包和实现本地制造。

（二十九）限制盲目、重复引进。定期调整禁止进口限制进口技术目录。限制进口国内已具备研究开发能力的关键技术；禁止或限制进口高消耗、高污染和已被淘汰的落后装备和技术。

（三十）对企业消化吸收再创新给予政策支持。对消化吸收再创新形成的先进装备和产品，纳入政府优先采购的范围。对订购和使用国产首台（套）重大装备的国家重点工程，国家优先予以安排。建立由项目业主、装备制造企业和保险公司风险共担、利益共享的重大装备保险机制，引导项目业主和装备制造企业对国产首台（套）重大装备投保。

（三十一）支持产学研联合开展消化吸收和再创新。对重大装备的引进，用户单位应吸收制造企业、高等学校和科研院所参与，共同跟踪国际先进技术的发展，并在消化吸收的基础上，共同开展自主创新活动。在国家科技基础设施建设中，优先支持在重点产业中由产学研合作组建的技术平台，承担重大引进技术消化吸收再创新任务。

（三十二）实施促进自主制造的装备技术政策。针对国民经济、社会重点发展领域和重点工程，由综合经济部门牵头，并由使用部门和制造部门共同参与制定国家装备技术政策，积极推进重大装备的自主制造。国家和地方重点工程建设项目采用重大装备和技术，应符合装备技术政策。

六、创造和保护知识产权

（三十三）掌握关键技术和重要产品的自主知识产权。国家科技部门、综合经济部门会同有关部门按照行业和领域特点共同编制并定期发布应掌握自主知识产权的关键技术和重要产品目录，国家科技计划和建设投资应当对列入目录的技术和产品的研制予以重点支持。对开发目录中技术和产品的企业在专利申请、标准制定、国际贸易和合作等方面予以支持，形成一批拥有自主知识产权、知名品牌和较强国际竞争力的优势企业。

国家科技部门会同知识产权管理部门建立知识产权信息服务平台，支持开展知识产权信息加工和战略分析，为自主知识产权的创造和市场开拓提供知识产权信息服务。

（三十四）积极参与制定国际标准，推动以我为主形成技术标准。国家科技计划支持重要技术标准的研究，引导产学研联合研制技术标准，促使标准与科研、开发、设计、制造相结合。政府主管部门加强对行业协会等制定重要技术标准的指导协调，支持企业、社团自主制定和参与制定国际技术标准，鼓励和推动我国技术标准成为国际标准。国家建立标准服务平台，支持加快国外先进标准向国内标准的转化，重点支持企业通过再创新推动以我为主形成技术标准。

（三十五）切实保护知识产权。建立健全知识产权保护体系，加大保护知识产权的执法力度，营造尊重和保护知识产权的法治环境。科研机构、高等学校和政府有关部门要加强从事知识产权保护和管理工作的力量。国家科技计划和各类创新基金对所支持项目在国外取得自主知识产权的相关费用，按规定经批准后给予适当补助。切实保障科技人员的知识产权权益，职务技术成果完成单位应对职务技术成果完成人和在科技成果转化中作出突出贡献人员依法给予报酬。依法保护非职务发明成果完成人的合法权益。

建立重大经济活动的知识产权特别审查机制。有关部门组织建立专门委员会，对涉及国家利益并具有重要自主知识产权的企业并购、技术出口等活动进行监督或调查，避免自主知识产权流失和危害国家安全。同时，也要注意防止滥用知识产权制约创新。

（三十六）缩短发明专利审查周期。改革发明专利审查方式，提高专利实质审查工作效率，缩短审查周期。对国家科技、经济、社会发展有重大影响的或具有国际竞争力的自主创新成果，发挥专利制度的积极作用，依法维护国家利益。

（三十七）加强技术性贸易措施体系建设。加快建立我国符合国际通行规则的技术性贸易措施体系。政府有关部门应建立和完善技术性贸易措施的通报协调机制、快速反应机制和研究评议体系。政府部门、行业协会、地方和企业联合建立包括技术预警在内的国外技术性贸易措施预警机制，密切跟踪我国产品目标出口国的技术法规、标准及合格评定程序和检验检疫要求的变化，对出口可能遭遇的技术性贸易措施进行实时监测和发布预警。

七、人才队伍

（三十八）加快培养一批高层次创新人才。实施国家高层次创新人才培养工程，在基础研究、高技术研究、社会公益研究等若干关系国家竞争力和安全的战略科技领域，着力培养造就一批创新能力强的高水平学科带头人，形成具有中国特色的优秀创新人才群体和创新团队。打破论资排辈的现象，改进和完善学术交流制度，健全同行认可机制，使中青年优秀科技人才脱颖而出。

（三十九）结合重大项目的实施加强对创新人才的培养。制定人才培养规划，实施国家重大工程和重大科技计划项目，要重视和做好相关的创新人才培养工作。在国家科技计划项目评审、验收、国家重点实验室评审、科研基地建设综合绩效评估中，把创新人才培养作为重要的考评指标。

（四十）支持企业培养和吸引创新人才。改革和完善企业分配和激励机制，支持企业吸引科技人才，允许国有高新技术企业对技术骨干和管理骨干实施期权等激励政策。在高等学校和科研机构中设立面向企业创新人才的客座研究员岗位，选聘企业高级专家担任兼职教授或研究员。制定和规范科技人才兼职办法，引导和规范高等学校或科研机构科技人才到企业兼职。支持企业为高等学校和职业院校建立学生实习、实训基地。推进企业博士后科研工作，吸引优秀博士到企业从事科技创新。企业招聘高等学校毕业生和吸引优秀人才不受户籍限制。制定相应的政策支持军工等特殊岗位的创新人才培养和使用。

明确国有企业负责人对企业自主创新的领导职责。将企业技术创新投入和创新能力建设作为国有企业负责人业绩考核的重要内容。

（四十一）支持培养农村实用科技人才。对科技人员面向农村和贫困地区开展技术创新服务予以政策支持。充分利用广播、电视、网络等远程教育资源，提高广大农民采用实用、先进农业技术的水平和职业技能。

（四十二）积极引进海外优秀人才。制定和实施吸引优秀留学人才和海外科技人才回国（来华）工作和为国服务计划，结合国家自主创新战略、重大科技专项和重点创新项目，采取团队引进、核心人才带动引进等多种方式引进海外优秀人才。海外高层次留学人才回国工作不受用人单位编制、增人指标、工资总额和出国前户籍所在地限制。外籍杰出科技人才申请来华工作许可、在华永久居留的条件可适当放宽，在其居留证件有效期内可办理多次入境有效签证。制定保障具有永久居留资格的在华外籍高层次人才合法权益的办法。妥善解决好海外优秀人才回国（来华）工作的医疗保险、配偶就业、子女上学等问题。

（四十三）改革和完善科研事业单位人事制度。改革专业技术人才管理体制，分类推进专业技术职务制度改革。

深化科研事业单位人事制度改革，全面实行聘用制度和岗位管理制度。科研事业单位可以自主设立各级创新岗位，自主聘用。实行固定岗位与流动岗位相结合，人员使用与项目、课题相结合的制度。除涉密岗位外，推行关键岗位和科研项目负责人面向国内外公开招聘制度。对科研机构的新进人员可实行人事代理制度。鼓励科研单位及其工作人员参加社会保险，积极推进事业单位养老保险制度改革，完善科技人员向企业流动的社会保险关系接续办法。按照事业单位工资改革的要求，改革和规范科研单位工资分配制度，建立以岗位工资、绩效工资为主要内容的收入分配制度，禁止违反规定将国家科研项目经费用于分配。

（四十四）建立有利于激励自主创新的人才评价和奖励制度。建立符合科技人才规律的多元化考核评价体系，对科学研究、科研管理、技术支持、行政管理等各类人员实行分类管理，建立不同领域、不同类型人才的评价体系，明确评价的指标和要素。改革和完善国家科技奖励制度，建立政府奖励为导向、社会力量奖励和用人单位奖励为主体的激励自主创新的科技奖励制度，把发现、培养和凝聚科技人才特别是尖子人才作为国家科技奖励的重要内容。建立和完善科技信用制度，对承担国家科技计划项目和从事相关管理的人员、机构进行信用监督，增强道德规范，促进学风建设。

八、教育与科普

（四十五）充分发挥高等学校在自主创新中的重要作用。深化高等教育改革，调整高等教育结构，加强重点学科建设。主动适应经济社会发展对各类专门人才的需求，优化学科专业布局，促进学科交叉融合，抓紧培养紧缺人才。扎实推进高水平大学建设，提高高等学校创新能力和社会服务能力，建成若干所世界一流大学和一批高水平研究型大学。创新研究生培养机制，着力培养创新精神与实践能力。坚持产学研结合，鼓励和支持高等学校同企业、科研机构建立多渠道、多形式的紧密型合作关系，共同培养创新人才，联合开展创新活动。扩大研究生派出规模，完善选派办法，在更高层次上开展国际科技和高层次人才培养合作。

（四十六）大力发展与改革职业教育。加快技能型紧缺人才的培养和农村转移劳动力的培训。切实加强职业教育基础能力建设，扩大中等职业教育的办学规模，提高高等职业院校的办学质量，大力推行工学结合、校企合作的人才培养模式。

（四十七）全面推进素质教育。大力推进基础教育课程改革和教学改革，加强和改进德育、智育、体育和美育，使青少年主动地生动活泼地得到发展。大力倡导启发式教学，注重培养学生动手能力，从小养成独立思考、追求新知、敢于创新、敢于实践的习惯。切实加强科技教育。广泛运用现代远程教育手段，倡导新的学习方式和教学方式。积极开发并合理利用校内外各种课程资源，发挥图书馆、实验室、专用教室及各类教学设施和实践基地的作用，广泛利用校外的展览馆、科技馆等丰富的资源，加强中小学生科技活动场所建设，拓宽中小学生知识面和锻炼实践能力。

（四十八）大力发展科普事业。实施全民科学素质行动计划，形成尊重科学、崇尚创新的浓厚社会氛围。加强国家科普能力建设。建立科普事业的良性运行机制。建立科研机构、大学定期向社会公众开放制度。鼓励著名科学家和其他专家学者参与科普创作。切实加强科普场馆建设。

九、科技创新基地与平台

（四十九）加强实验基地、基础设施和条件平台建设。围绕经济社会发展和国家安全的重大战略需求，在新兴交叉前沿领域的战略空白领域建设若干学科交叉、综合集成、机制创新的国家实验室。以国家实验室、国家重点实验室、国家工程实验室、国防科技重点实验室、国家工程（技术研究）中心、企业技术中心或研究开发中心等为依托，组织实施重大自主创新项目，吸引和凝聚高水平人才，推动项目、基地、人才的有机结合。

重点建设一批科研基础设施和大型科学仪器、设备共享平台，自然科技资源共享平台，科学数据共享平台，科技文献共享平台，成果转化公共服务平台，网络科技环境平台等，全面加强对自主创新的支撑。

（五十）加大对公益类科研机构的稳定支持力度。进一步推进和完善公益类科研机构管理体制和运行机制改革。对已实行分类改革的国务院部门属公益类科研机构，经验收合格后，按照重新核定的非营利科研编制，从2006年起大幅度提高投入力度，达到与其承担国家科研和公益服务相适应的水平。

（五十一）加强企业和企业化转制科研机构自主创新基地建设。国家支持企业特别是大企业建立研究开发机构。依托具有较强研究开发和技术辐射能力的转制科研机构或大企业，集成高等学校、科研院所等相关力量，在重点领域建设一批国家工程实验室，开展面向行业的竞争前技术、前沿技术和军工配套、军民两用技术研究。

完善转制科研机构业绩考核办法，建立起促进其技术创新的业绩考核指标体系。在经营业绩考核指标（国有资本保值增值率、净资产收益率）中，合理剔除非经营性资产的影响因素。

（五十二）加强国家高新技术产业开发区建设。国家高新技术产业开发区要推进“二次创业”，深化管理体制改革，加强软环境建设，努力成为促进技术进步和增强自主创新能力的重要载体，成为带动区域经济结构调整和经济增长方式转变的强大引擎，成为高新技术企业“走出去”参与国际竞争的服务平台，成为抢占世界高技术产业制高点的前沿阵地。

（五十三）推进科技创新基地与条件平台的开放共享。扩大科技创新基地与条件平台向全社会的开放，建立和完善国家科研基地和科研基础设施向企业和社会开放共享的机制和制度。把面向企业和社会提供服务，作为考核其运行绩效的重要指标。

十、加强统筹协调

（五十四）建立和健全合理配置科技资源的统筹机制。完善财政部门与科技等部门科技资源配置的协调机制。完善统计方法，提高研究与开发统计数据质量。强化科技预算的执行监督，确保财政科技投入目标的实现。建立创新资源配置的信息交流制度，防止重复立项和资源分散、浪费。

（五十五）建立政府采购自主创新产品的协调机制。由财政部门牵头，科技、发展改革等相关部门参加组成协调机构，制定政府采购自主创新产品的具体办法，审查实施情况，协调和解决实施中遇到的困难和问题。

（五十六）建立引进技术消化吸收和再创新的协调机制。由国家综合经济部门牵头，科技、教育、财政、商务、税务、海关、质检、知识产权等相关部门参加组成协调机构，制定重大产业技术和装备引进政策，组织协调并监督重大引进技术的消化吸收再创新工作。

（五十七）促进"军民结合、寓军于民"。建立促进军民科技资源协调配置的联席会议制度。加强军民科技计划的衔接与协调。建立军用、民用自主创新信息共享平台，促进军用、民用技术研究开发需求的互通交流及创新成果的双向转移。

根据相关法律法规，起草、制定促进军民结合、寓军于民的国防科研生产和武器装备采购法等法律法规以及相关配套制度。制定军品承研、承制单位资格审查认证办法，引入基于资格审查的军品市场准入制度，扩大军品市场的准入范围，将符合条件的民口科研机构和企业纳入装备承研承制单位名录。

在满足军用要求的前提下，积极采用先进适用的民用标准用于武器装备研制，建立国家标准、军用标准和行业标准协调互补的标准体系。对承担武器装备科研生产任务的民口企事业单位给予必要的政策支持。

（五十八）要认真做好实施《规划纲要》、建设创新型国家的宣传工作。

（五十九）国务院各有关部门要依据本文件要求制定必要的实施细则。

（六十）各省、自治区、直辖市人民政府要结合本地实际，依照法定权限制定相应的具体政策措施。

附录 2

《国家中长期科学和技术发展规划纲要（2006—2020年）》配套政策实施细则汇总

一、科技投入方面
1.《公益性行业科研专项经费管理试行办法》（财教〔2006〕219号）
2.《中央级公益性科研院所基本科研业务费专项资金管理办法》（试行）（财教〔2006〕288号）
3.《国家高技术研究发展计划（863计划）专项经费管理办法》（财教〔2006〕163号）
4.《国家重点基础研究发展计划专项经费管理办法》（财教〔2006〕159号）
5.《国家科技支撑计划专项经费管理办法》（财教〔2006〕160号）
6.《关于改进和加强重大技术装备研制经费管理的若干意见》（财建〔2007〕1号）
7.《关于改进和加强中央财政科技经费管理的若干规定》（国发办〔2006〕56号）
二、税收激励方面
1.《关于促进创业投资企业发展有关税收政策的通知》（财税〔2007〕31号）
2.《科技开发用品免征进口税收暂行规定》（财政部、海关总署、国家税务总局令第44号）
3.《科学研究和教学用品免征进口税收暂行规定》（财政部、海关总署、国家税务总局令第45号）
4.《关于企业技术创新有关企业所得税优惠政策的通知》（财税〔2006〕88号）
5.《关于纳税人向科技型中小企业技术创新基金捐赠有关所得税政策问题的通知》（财税〔2006〕171号）
6.《关于调整企业所得税工资支出税前扣除政策的通知》（财税〔2006〕126号）
7.《关于国家大学科技园有关税收政策问题的通知》（财税〔2007〕120号）
8.《关于科技企业孵化器有关税收政策问题的通知》（财税〔2007〕121号）
9.《关于落实国务院加快振兴装备制造业的若干意见有关进口税收政策的通知》（财关税〔2007〕11号）
三、金融支持方面
1.《关于加强中小企业信用担保体系建设的意见》（国办发〔2006〕90号）
2.《科技型中小企业创业投资引导基金管理暂行办法》（财企〔2007〕128号）
3.《关于进一步支持出口信用保险为高新技术企业提供服务的通知》（财金〔2006〕118号）
4.《支持国家重大科技项目的政策性金融政策的实施细则》（银监发〔2006〕95号）
5.《关于商业银行改善和加强对高新技术企业金融服务的指导意见》（银监发〔2006〕94号）
6.《国家开发银行高新技术领域软贷款实施细则》（开行发〔2006〕399号）

续表

7.《支持高新技术企业发展特别融资账户实施细则》（进出银函〔2006〕120 号）
8.《关于加强和改善对高新技术企业保险服务有关问题的通知》（保监发〔2006〕129 号）
9.《关于印发建立和完善知识产权交易市场指导意见的通知》（发改企业〔2007〕3371 号）
四、政府采购方面
1.《自主创新产品的认定管理办法（试行）》（国科发计字〔2006〕539 号）
2.《自主创新产品政府采购预算管理办法》（财库〔2007〕29 号）
3.《自主创新产品政府采购评审办法》（财库〔2007〕30 号）
4.《自主创新产品政府采购合同管理办法》（财库〔2007〕31 号）
5.《政府采购进口产品管理办法》（财库〔2007〕119 号）
五、引进消化吸收再创新方面
1.《关于鼓励技术引进与创新、促进转变外贸增长方式的若干意见》（商服贸发〔2006〕13 号）
2.《中国鼓励引进技术目录》（商务部、国家税务总局公告 2006 年第 13 号）
六、创造和保护知识产权方面
1.《我国应掌握自主知识产权的关键技术和产品目录》（国科发计字〔2006〕540 号）
2.《关于提高知识产权信息利用和服务能力 推进知识产权信息服务平台建设的若干意见》（国科发政字〔2006〕562 号）
3.《我国信息产业拥有自主知识产权的关键技术和重要产品目录》（信部联科〔2007〕776 号）
4.《科技计划支持重要技术标准研究与应用的实施细则》（国科发计字〔2007〕24 号）
5.《首台（套）重大技术装备试验、示范项目管理办法》（发改工业〔2008〕224 号）
七、人才队伍方面
1.《关于企业实行自主创新激励分配制度的若干意见》（财企〔2006〕383 号）
2.《关于进一步加强引进海外优秀留学人才工作的若干意见》（教外留〔2007〕8 号）
3.《关于建立海外高层次留学人才回国工作绿色通道的意见》（国人部发〔2007〕26 号）
4.《〈事业单位工作人员收入分配制度改革方案〉的实施意见》（国人部发〔2007〕100 号）
5.《博士后工作十一五规划》（国人部发〔2006〕114 号）
6.《博士后工作管理规定》（国人部发〔2006〕149 号）
7.《高层次留学人才回国和海外科技专家来华工作进出境物品管理办法》（海关总署令第 154 号）
8.《中央科研设计企业实施中长期激励试行办法》（国资发分配〔2007〕86 号）
9.《中央企业负责人经营业绩考核暂行办法》（国务院国有资产监督管理委员会令第 17 号）
10.《关于在重大项目实施中加强创新人才培养的暂行办法》（国科发计字〔2007〕2 号）
11.《关于科学研究事业单位岗位设置管理的指导意见》（国人部发〔2007〕24 号）
12.《关于进一步加强国家重点领域紧缺人才培养工作的意见》（教高〔2007〕16 号）
13.《关于进一步加强专业技术人员继续教育的意见》（国人部发〔2007〕96 号）

续表

14.《关于加强农村实用科技人才培养的若干意见》（国科发农字〔2007〕793号）
八、教育与科普方面
1.《国家重点学科建设与管理暂行办法》（教研〔2006〕3号）
2.《关于加强国家重点学科建设的意见》（教研〔2006〕2号）
3.《国家公派出国留学选派办法》（教外留〔2006〕85号）
4.《关于职业院校试行工学结合、半工半读的意见》（教职成〔2006〕4号）
5.《关于加强国家科普能力建设的若干意见》（国科发政字〔2007〕32号）
6.《关于科研机构和大学向社会开放，开展科普活动的若干意见》（国科发政字〔2006〕494号）
7.《关于加强研究型大学建设，增强高等学校自主创新能力的若干意见》（教技〔2007〕5号）
九、科技创新基地与平台方面
1.《国家自主创新能力建设"十一五"规划》（国办发〔2007〕7号）
2.《国家认定企业技术中心管理办法》（发展改革委令第53号）
3.《国家工程研究中心管理办法》（发展改革委令第52号）
4.《国家工程实验室管理办法（试行）》（发展改革委令第54号）
5.《关于建设国家工程实验室的指导意见》（发改办高技〔2006〕1479号）
6.《关于依托转制院所和大企业建设国家重点实验室的指导意见》（国科发基字〔2006〕559号）
7.《关于进一步推动科研基地和科研基础设施向企业及社会开放的若干意见》（国科发基字〔2006〕558号）
8.《关于促进国家高新技术产业开发区发展增强自主创新能力的若干意见》（国科发高字〔2007〕152号）
9.《科技企业孵化器（高新技术创业服务中心）认定和管理办法》（国科发高字〔2006〕498号）
10.《国家大学科技园认定和管理办法》国科发高字〔2006〕487号
11.《关于加大对公益类科研机构稳定支持的若干意见》（国科发政字〔2007〕765号）
十、加强统筹协调方面
1.《关于非公有制经济参与国防科技工业建设的指导意见》（国防科工委〔2007〕179号）
2.《国防科工委关于进一步推进民用技术向军用转移的指导意见》（科工经〔2007〕885号）
十一、其他
1.《当前优先发展的高技术产业化重点领域指南（2007年度）》（发展改革委、科技部、商务部、知识产权局公告2007年第6号）
2.《国家高技术产业发展项目管理暂行办法》（国家发展和改革委员会令第43号）
3.《关于支持中小企业创新的若干政策》（发改企〔2007〕2797号）

注：如前所述，《配套政策》实施细则发布后，随着科技管理改革及政策发展需要，部分文件有所变化、更新或调整。

附录3

企业研发费用加计扣除政策文件内容

关于完善研究开发费用税前加计扣除政策的通知

财税〔2015〕119号

各省、自治区、直辖市、计划单列市财政厅（局）、国家税务局、地方税务局、科技厅（局），新疆生产建设兵团财务局、科技局：

根据《中华人民共和国企业所得税法》及其实施条例有关规定，为进一步贯彻落实《中共中央 国务院关于深化体制机制改革加快实施创新驱动发展战略的若干意见》精神，更好地鼓励企业开展研究开发活动（以下简称研发活动）和规范企业研究开发费用（以下简称研发费用）加计扣除优惠政策执行，现就企业研发费用税前加计扣除有关问题通知如下：

一、研发活动及研发费用归集范围

本通知所称研发活动，是指企业为获得科学与技术新知识，创造性运用科学技术新知识，或实质性改进技术、产品（服务）、工艺而持续进行的具有明确目标的系统性活动。

（一）允许加计扣除的研发费用。

企业开展研发活动中实际发生的研发费用，未形成无形资产计入当期损益的，在按规定据实扣除的基础上，按照本年度实际发生额的50%，从本年度应纳税所得额中扣除；形成无形资产的，按照无形资产成本的150%在税前摊销。研发费用的具体范围包括：

1. 人员人工费用。

直接从事研发活动人员的工资薪金、基本养老保险费、基本医疗保险费、失业保险费、工伤保险费、生育保险费和住房公积金，以及外聘研发人员的劳务费用。

2. 直接投入费用。

（1）研发活动直接消耗的材料、燃料和动力费用。

(2) 用于中间试验和产品试制的模具、工艺装备开发及制造费，不构成固定资产的样品、样机及一般测试手段购置费，试制产品的检验费。

(3) 用于研发活动的仪器、设备的运行维护、调整、检验、维修等费用，以及通过经营租赁方式租入的用于研发活动的仪器、设备租赁费。

3. 折旧费用。

用于研发活动的仪器、设备的折旧费。

4. 无形资产摊销。

用于研发活动的软件、专利权、非专利技术（包括许可证、专有技术、设计和计算方法等）的摊销费用。

5. 新产品设计费、新工艺规程制定费、新药研制的临床试验费、勘探开发技术的现场试验费。

6. 其他相关费用。

与研发活动直接相关的其他费用，如技术图书资料费、资料翻译费、专家咨询费、高新科技研发保险费，研发成果的检索、分析、评议、论证、鉴定、评审、评估、验收费用，知识产权的申请费、注册费、代理费，差旅费、会议费等。此项费用总额不得超过可加计扣除研发费用总额的10%。

7. 财政部和国家税务总局规定的其他费用。

（二）下列活动不适用税前加计扣除政策。

1. 企业产品（服务）的常规性升级。

2. 对某项科研成果的直接应用，如直接采用公开的新工艺、材料、装置、产品、服务或知识等。

3. 企业在商品化后为顾客提供的技术支持活动。

4. 对现存产品、服务、技术、材料或工艺流程进行的重复或简单改变。

5. 市场调查研究、效率调查或管理研究。

6. 作为工业（服务）流程环节或常规的质量控制、测试分析、维修维护。

7. 社会科学、艺术或人文学方面的研究。

二、特别事项的处理

1. 企业委托外部机构或个人进行研发活动所发生的费用，按照费用实际发生额的80%计入委托方研发费用并计算加计扣除，受托方不得再进行加计扣除。委托外部研究开发费用实际发生额应按照独立交易原则确定。

委托方与受托方存在关联关系的，受托方应向委托方提供研发项目费用支出明细情况。

企业委托境外机构或个人进行研发活动所发生的费用，不得加计扣除。

2. 企业共同合作开发的项目，由合作各方就自身实际承担的研发费用分别计算加计扣除。

3. 企业集团根据生产经营和科技开发的实际情况，对技术要求高、投资数额大，需要集中研发的项目，其实际发生的研发费用，可以按照权利和义务相一致、费用支出和收益分享相配比的原则，合理确定研发费用的分摊方法，在受益成员企业间进行分摊，由相关成员企业分别计算加计扣除。

4. 企业为获得创新性、创意性、突破性的产品进行创意设计活动而发生的相关费用，可按照本通知规定进行税前加计扣除。

创意设计活动是指多媒体软件、动漫游戏软件开发，数字动漫、游戏设计制作；房屋建筑工程设计（绿色建筑评价标准为三星）、风景园林工程专项设计；工业设计、多媒体设计、动漫及衍生产品设计、模型设计等。

三、会计核算与管理

1. 企业应按照国家财务会计制度要求，对研发支出进行会计处理；同时，对享受加计扣除的研发费用按研发项目设置辅助账，准确归集核算当年可加计扣除的各项研发费用实际发生额。企业在一个纳税年度内进行多项研发活动的，应按照不同研发项目分别归集可加计扣除的研发费用。

2. 企业应对研发费用和生产经营费用分别核算，准确、合理归集各项费用支出，对划分不清的，不得实行加计扣除。

四、不适用税前加计扣除政策的行业

1. 烟草制造业。

2. 住宿和餐饮业。

3. 批发和零售业。

4. 房地产业。

5. 租赁和商务服务业。

6. 娱乐业。

7. 财政部和国家税务总局规定的其他行业。

上述行业以《国民经济行业分类与代码（GB/4754—2011）》为准，并随之更新。

五、管理事项及征管要求

1. 本通知适用于会计核算健全、实行查账征收并能够准确归集研发费用的居民企业。

2. 企业研发费用各项目的实际发生额归集不准确、汇总额计算不准确的，税务机关有权对其税前扣除额或加计扣除额进行合理调整。

3. 税务机关对企业享受加计扣除优惠的研发项目有异议的，可以转请地市级（含）以上科技行政主管部门出具鉴定意见，科技部门应及时回复意见。企业承担省部级（含）以上科研项目的，以及以前年度已鉴定的跨年度研发项目，不再需要鉴定。

4. 企业符合本通知规定的研发费用加计扣除条件而在 2016 年 1 月 1 日以后未及时享受该项税收优惠的，可以追溯享受并履行备案手续，追溯期限最长为 3 年。

5. 税务部门应加强研发费用加计扣除优惠政策的后续管理，定期开展核查，年度核查面不得低于 20%。

六、执行时间

本通知自 2016 年 1 月 1 日起执行。《国家税务总局关于印发〈企业研究开发费用税前扣除管理办法（试行）〉的通知》（国税发〔2008〕116 号）和《财政部 国家税务总局关于研究开发费用税前加计扣除有关政策问题的通知》（财税〔2013〕70 号）同时废止。

财政部 国家税务总局 科技部

2015 年 11 月 2 日

关于提高研究开发费用税前加计扣除比例的通知

财税〔2018〕99 号

各省、自治区、直辖市、计划单列市财政厅（局）、科技厅（局），国家税务总局各省、自治区、直辖市、计划单列市税务局，新疆生产建设兵团财政局、科技局：

为进一步激励企业加大研发投入，支持科技创新，现就提高企业研究开发费用（以下简称研发费用）税前加计扣除比例有关问题通知如下：

一、企业开展研发活动中实际发生的研发费用，未形成无形资产计入当期损益的，在按规定据实扣除的基础上，在 2018 年 1 月 1 日至 2020 年 12 月 31 日期间，再按照实际发生额的 75% 在税前加计扣除；形成无形资产的，在上述期间按照无形资产成本的 175% 在税前摊销。

二、企业享受研发费用税前加计扣除政策的其他政策口径和管理要求按照《财政部 国家税务总局 科技部关于完善研究开发费用税前加计扣除政策的通知》（财税〔2015〕119 号）、《财政部 税务总局 科技部关于企业委托境外研究开发费用税前加计扣除有关政策问题的通知》（财税〔2018〕64 号）、《国家税务总局关于企业研究开发费用税前加计扣除政策有关问题的公告》（国家税务总局公告 2015 年第 97 号）等文件规定执行。

财政部 税务总局 科技部
2018 年 9 月 20 日

参考文献

[1] OECD（薛澜，柳卸林，穆荣平等译）. OECD 中国创新政策研究报告［M］. 北京：科学出版社，2011.

[2] S. S. 那格尔（林明等译）. 政策研究百科全书［M］. 北京：科学技术文献出版社，1990.

[3] 比利时 SPRL 技术咨询公司（Technopolis Consulting Group Belgium SPRL）. 爱沙尼亚研发与创新政策评估报告［R］. 2005.

[4] 财政部，国家税务总局. 关于研究开发费用税前加计扣除有关政策问题的通知［EB/OL］. http：//www. tax. sh. gov. cn/ub/xxgk/zcfg/qysds/201310/t20131008_404813. html.

[5] 陈劲. 科学、技术与创新政策［M］. 北京：科学出版社，2013.

[6] 陈士俊. 科学学：对象解析、学科属性与研究方法——关于科学学若干基本问题的思考［J］. 科学学和科学技术管理，2010（5）：31.

[7] 陈伟，张昊一，杨彩霞. 企业自主创新政策机制评价研究［J］. 科技进步与决策，2010（7）：110－113.

[8] 陈振明. 公共政策学：政策分析理论、方法和技术［M］. 北京：中国人民大学出版社，2003.

[9] 陈振明. 西方政策执行研究运动的兴起［J］. 江苏社会科学，2001（6）：60－61.

[10] 陈振明. 政策科学［M］. 北京：中国人民大学出版社，1998.

[11] 丹尼尔·马尔金. 发展科技指标. 促进政策的分析和评估：OECD 的经验［J］. 科技管理研究，2003（1）：5－11.

[12] 段君伟. 广东省技术创新政策实施效果评估研究［D］. 暨南大学，2007.

[13] 法国科技有限公司．法国技术开发税收抵免政策（CIR）影响研究［R］．2006.

[14] 樊春良．全球化时代的科技政策［M］．北京：北京理工大学出版社，2005.

[15] 范金，赵彤，周应恒．企业研发费用税前加计扣除政策：依据及对策［J］．科研管理，2011（5）：141－148.

[16] 方衍，田德录．中国特色科技评价体系建设研究［J］．中国科技论坛，2010（7）：12－15.

[17] 方衍，田德录．中国特色科技评价体系建设研究［M］．北京：科学技术文献出版社，2012.

[18] 方易，弗兰克·费希尔：《公共政策评估》［J］．公共管理评论，2013（2）：156－163.

[19] 菲利普·夏皮拉（Philip Shapira），史蒂芬·库尔曼（Stefan Kuhlmann）主编（方衍、邢怀滨等译）．科技政策评估：来自美国和欧洲的经验［M］．北京：科学技术文献出版社，2015.

[20] 傅晓华．从可持续发展价值观透析科技创新生态化［J］．科学管理研究，2006（3）：41－44.

[21] 高柯．企业研发费用政策之变［J］．华东科技，2014（3）：24－28.

[22] 古贝，林肯（秦霖等译）．第四代评估［M］．北京：中国人民大学出版社，2008.

[23] 关于印发李学勇副部长在“技术创新引导工程”启动会议上讲话的通知［EB/OL］．http：//www.most.gov.cn/fggw/zfwj/zfwj2005/200512/t20051214_54866.htm.

[24] 郭强．基于省级数据的区域科技创新政策评估［J］．统计与决策，2012（3）：81－83.

[25]《国家创新驱动发展战略纲要》印发 提出2050年建成世界科技创新强国［EB/OL］．http：//news.xinhuanet.com/2016－05/19/c_128998833.htm.

[26] 国家科技评估中心．2013年度科技创新政策实施情况评估监测与分析报告［R］．2014.

[27] 国家科技评估中心．2015年度科技创新政策落实情况调研评估

报告［R］. 2016.

［28］国家科技评估中心.《科技进步法》有关制度立法后评估报告［R］. 2011.

［29］国家科技评估中心. 国外科技税收政策综述［R］. 2009.

［30］国家科技评估中心. 国有企业落实《关于强化企业技术创新主体地位全面提升企业创新能力的意见》情况调查评估报告［R］. 2014.

［31］国家科学技术部. 贯彻落实全国科技大会［EB/OL］. http://www.most.gov.cn/ztzl/qgkjdh/qgkjdhzywj/, 2017-5-4.

［32］国务院关于对稳增长促改革调结构惠民生政策措施落实情况开展全面督查的通知［EB/OL］. http://www.gov.cn/zhengce/content/2014-06/07/content_8868.htm, 2014-6-7.

［33］国务院确定完善研发费用加计扣除政策等［EB/OL］. http://www.mlr.gov.cn/xwdt/jrxw/201510/t20151022_1384936.htm, 2015-10-22.

［34］贺德方. 对构建科技创新政策体系的几点思考［J］. 智库理论与实践, 2016, 1（4）: 1-4.

［35］贺善侃. 论科技创新的社会价值［J］. 科学技术哲学研究, 2010（6）: 92-97.

［36］胡象明: 政策与行政: 过程及其理论［M］. 北京: 北京大学出版社, 北京航空航天大学出版社, 2008.

［37］黄建国, 吕郦慷. 日本科技评估制度的特征及其对中国的启示［J］. 中国科技论坛, 2007（4）.

［38］江永真. 区域自主创新政策绩效评估模型构建及实证分析［J］. 福州大学学报（哲学社会科学版）, 2012（2）: 21-25.

［39］金世斌. 新中国科技政策的演进路径与趋势展望［J］. 中国科技论坛, 2015（10）: 5-9.

［40］经济与合作发展组织. OECD 科学技术和工业展望 2004［M］. 科学技术文献出版社, 2006.

［41］克利斯·弗里曼, 罗克·苏特（华宏勋、华宏慈等译）. 工业创新经济学［M］. 北京: 北京大学出版社, 2004.

［42］克鲁斯科, 杰克逊（唐理斌等译）. 公共政策词典［Z］. 上海:

上海远东出版社，1992.

［43］匡跃辉．科技政策评估：标准与方法［J］．科学管理研究，2005（5）：63－65.

［44］雷家骕．经济及科技政策评估：方法与案例［M］．北京：清华大学出版社，2011.

［45］李德国，蔡晶晶．西方政策评估技术与方法浅析［J］．科学学与科学技术管理，2006，27（4）：65－69.

［46］李克强．深化简政放权放管结合优化服务 推进行政体制改革转职能提效能［EB/OL］．http：//www.gov.cn/guowuyuan/2016－05/22/content_5075741.html,2016－5－22.

［47］李林木．从国际比较看我国激励创新的税收政策选择［J］．税务研究，2007（4）：50－53.

［48］李尚勇．贫富悬殊的国家必然陷入中等收入陷阱［EB/OL］．http：//people.chinareform.org.cn/L/lishangyong/Article/201204/t20120410_138908.htm，2012－4－10.

［49］李士，徐治立，李成智等．创新理论导论［M］．安徽：中国科学技术大学出版社，2009.

［50］李万，常静，王敏杰等．创新3.0与创新生态系统［J］．科学学研究，2014（12）：1761－1770.

［51］李志军．重大公共政策评估理论、方法与实践［M］．北京：中国发展出版社，2013.

［52］联合国．变革我们的世界：2030年可持续发展议程［R］．2015.

［53］联合国开发计划署评估办公室编（国家科技评估中心译）．计划管理者手册：面向结果的监督与评估［M］．北京：科学出版社，1999.

［54］联合国贸易与发展会议．促进发展的创新政策工具［R］．2014.

［55］梁浩．浅议技术开发费会计核算与涉税处理［J］．财会通讯：综合版，2008（12）：80－81.

［56］梁鹤年（丁进锋译）．政策规划与评估方法［M］．北京：中国人民大学出版社，2009.

［57］梁洪波．意大利技术创新统计与国家创新政策评估［J］．全球

科技经济瞭望，2000（3）：38－39.

[58] 梁正．从科技政策到科技与创新政策——创新驱动发展战略下的政策范式转型与思考 [J]．科学学研究，2017（2）：170－176.

[59] 林水波，张世贤．公共政策 [M]．台湾：五南图书出版公司，1980.

[60] 刘大椿．科学技术发展与公共政策研究 [J]．中国人民大学学报，2011（6）：1.

[61] 刘会武，卫刘江，王胜光，温珂．面向创新政策评价的三维分析框架 [J]．中国科技论坛，2008（5）：33－36.

[62] 刘立．科技政策学研究 [M]．北京：北京大学出版社，2011.

[63] 刘祺，叶仲霖，陈国渊．公共政策价值评估：缘起、概念及测度——一种批判实证主义的评估程式建构 [J]．东南学术，2011（4）：111－119.

[64] 吕金平．研发费加计扣除优惠政策在企业中的运用 [J]．辽宁经济，2010（9）：98－99.

[65] 吕燕．科技创新政策评估研究综述 [J]．科学进步与决策，2012（19）.

[66] 罗伯特·金·默顿（范岱年等译）．十七世纪英格兰的科学、技术与社会 [M]．北京：商务印书馆，2000.

[67] 马泽方．准确区分四种研究开发费用归集范围 [J]．注册税务师，2013（11）：40－42.

[68] 迈克尔·豪立特，M. 拉米什（庞诗等译）．公共政策研究—政策循环与政策子系统 [M]．北京：生活·读书·新知三联书店，2006.

[69] 梅亮，陈劲，李福嘉．负责任创新：内涵辨析与启示 [J]．自然辩证法研究，2017（2）：51－55.

[70] 每逢全球经济危机，往往是靠科技创新"救市" [EB/OL]. http://news.xinhuanet.com/mrdx/2009－02/03/content_10754939.htm，2009－2－3.

[71] 牟小容．企业研究开发费税前扣除政策的变迁与构建 [J]．华南农业大学学报（社会科学版），2009（2）：80－84.

[72] 欧文·E. 休斯（张成福等译）. 公共管理导论（第三版）[M]. 北京：中国人民大学出版社，2001.

[73] 潘双华. 基于两型社会的科技创新价值取向研究 [D]. 长沙：长沙理工大学，2010.

[74] 彭富国. 中国地方技术创新政策效果分析 [J]. 研究与发展管理，2003 (6)：17-21.

[75] 全国科技创新大会两院院士大会中国科协第九次全国代表大会在京召开 习近平发表重要讲话 [EB/OL]. http：//cpc. people. com. cn/n1/2016/0531/c64094-28394355. html，2016-5-31.

[76] 桑助来. 中国政府绩效评估报告 [M]. 北京：中共中央党校出版社，2009.

[77] 时丹丹，嵇国平. 基于BP人工神经网络的工艺创新科技政策评价 [J]. 统计与决策，2011 (16)：64-66.

[78] 苏竣. 公共科技政策导论 [M]. 北京：科学出版社，2014.

[79] 孙福全. 推进国家创新治理体系和治理能力现代化 [EB/OL]. http：//digitalpaper. stdaily. com/http_www. kjrb. com/kjrb/html/2014-11/03/content_282414. htm? div=-1，2014-11-3.

[80] 索赫. 技术开发费加计抵扣政策研究 [J]. 内蒙古科技与经济，2008 (22)：49-51.

[81] 田德录，方衍.《科学素质纲要》实施的监测评估理论框架研究 [J]. 科普研究，2008 (6)：21.

[82] 推动大众创业、万众创新政策措施落实情况开展第三方评估的工作方案 [EB/OL]. http：//www. nais. com. cn/html/cxpg/2015/0715/62. html，2015-9-26.

[83] 托马斯·戴伊（谢明译）. 理解公共政策 [M]. 北京：北京大学出版社，2011.

[84] 万钢. 全球科技创新发展历程和竞争态势 [J]. 行政管理改革，2016 (2)：11-16.

[85] 汪凌勇，杨超. 国外创新政策评估实践与启示 [J]. 科技管理研究，2010 (15)：28-31.

[86] 王敏杰. 主要发达国家第三代创新政策实践与启示 [J]. 创新科技，2015 (5)：4 -7.

[87] 王瑞祥. 政策评估的理论、模型与方法 [J]. 预测，2003 (3)：6 -11.

[88] 王元地. 中国自主创新政策评价研究 [M]. 北京：经济管理出版社，2013.

[89] 王再进，方衍，田德录. 国家中长期科技规划纲要配套政策评估指标体系研究 [J]. 中国科技论坛，2011 (9)：5 -10.

[90] 王再进，方衍. 企业研发费加计扣除政策实施问题及对策研究 [J]. 科研管理，2013 (1)：94 -98.

[91] 王再进，邢怀滨. 欧洲议会的技术评估及对我国的启示 [J]. 自然辩证法研究，2015 (1)：32 -37.

[92] 王再进，邢怀滨. 欧洲议会技术评估组织 (EPTA) 2011 年会综述 [J]. 科技促进发展，2013 (1)：65 -69.

[93] 王再进，徐治立，刘辉，田德录. 基于史密斯模型的企业研发费用加计扣除政策分析及建议 [J]. 中国科技论坛，2015 (12)：120 -125.

[94] 王再进，徐治立，田德录. 中国科技创新政策价值取向与评估框架 [J]. 中国科技论坛，2017 (3)：27 -32.

[95] 王再进，徐治立. 国外科技创新政策评估研究现状、特点及启示 [J]. 北京航空航天大学学报 (社会科学版)，2017 (2)：114 -120.

[96] 威廉·N. 邓恩 (谢明等译). 公共政策分析导论 (第四版) [M]. 北京：中国人民大学出版社，2011.

[97] 魏喜武，杨耀武. 全球创新政策，中国有待加强——《2012 全球创新政策指数报告》解读 [J]. 华东科技，2012 (7)：28 -29.

[98] 我国深化科技体制改革 推进科技与经济紧密结合 [EB/OL]. http://www.gov.cn/jrzg/2012 -09/24/content_2232171.htm,2016 -5 -4.

[99] 肖士恩. 科技创新政策评估的理论与方法初探 [J]. 中国科技论坛，2003 (5)：24 -26.

[100] 徐治立，霍宇同. 新科技革命背景下国外创新政策发展趋势探

析［J］. 北京航空航天大学学报（社会科学版），2018.

［101］徐治立. 科技政治空间的张力［M］. 北京：中国社会科学出版社，2006.

［102］许冠南，苏竣，智强. 引入政策维度的技术路线图分析工具创新［J］. 科技进步与对策，2014（6）：110-113.

［103］杨博，薛薇. 英国研发支出税收激励计划及对我国的启示［J］. 会计之友，2012（30）：80-84.

［104］杨雅南，钟书华. 中国创新驿站政策评价逻辑模型［J］. 自然辩证法研究，2013（11）：38-44.

［105］叶胡，宋伟，赵嘉茜，高亮文. 基于两阶段集中式 CCR-DEA 模型的科技政策绩效评估分析［J］. 中国科技论坛，2012（12）：27-33.

［106］于立生. 公共政策评估理论研究及其困境分析［J］. 社会探索，2011（5）：96-100.

［107］贠杰，杨诚虎. 公共政策评估：理论与方法［M］. 北京：中国社会科学出版社，2006.

［108］曾爱玲. 国内外对公共政策评估的研究综［J］. 法制与社会，2012（4）：131-132.

［109］詹姆斯·E. 安德森（谢明等译）. 公共政策制定（第五版）［M］. 中国人民大学出版社，2009.

［110］张金马. 公共政策：学科定位和概念分析［J］. 北京行政学院学报，2000（1）：7.

［111］张康之. 公共政策过程中科学与价值的统合［J］. 江苏社会科学，2001（6）：59-60.

［112］张文春. 税收政策在促进高新技术产业发展中的作用及其机理分析［J］. 中国人民大学学报，2006（1）：59-64.

［113］张晓丰，赵峰. 科技政策评估的方法论体系及相关性研究［J］. 北京化工大学学报（社会科学版），2011（1）：1-6.

［114］章熙春，赵庆年. 把握高校科技创新的价值取向［J］. 中国高等教育，2017（6）：43-45.

［115］赵峰，张晓丰. 科技政策评估的内涵与评估框架研究［J］. 北

京化工大学学报（社会科学版），2011（1）：25 - 31.

[116] 赵莉晓. 创新政策评估理论方法研究——基于公共政策评估逻辑框架的视角[J]. 科学学研究，2014（2）：195 - 202.

[117] 赵彤，范金，周应恒. 长三角地区企业研发费用加计扣除政策实施效果评价与对策建议[J]. 中国科技论坛，2011（6）：68 - 73.

[118] 赵筱媛，苏竣. 基于政策工具的公共科技政策分析框架研究[J]. 科学学研究，2007（1）：52 - 56.

[119] 赵延东. 负责任研究与创新在中国[J]. 中国软科学，2017（3）：37 - 46.

[120] 赵映诚. 公共政策价值取向研究——经济型政府向服务型政府的转变[M]. 北京：中国出版集团现代教育出版社，2008.

[121] 赵中建，王志强. 国际视野下的创新评价指数研究[J]. 科学管理研究，2010（28）：1 - 7.

[122] 赵中建，王志强. 欧洲国家创新政策热点问题研究[M]. 北京：华东师范大学出版社，2013.

[123] 郑方方. 科技创新的社会价值与第三次工业革命的兴起[J]. 人民论坛，2014（14）：87 - 89.

[124] 中共中央 国务院印发《国家创新驱动发展战略纲要》[EB/OL]. http：//news.xinhuanet.com/politics/2016 - 05/19/c_1118898033.htm，2016 - 5 - 19.

[125] 中共中央文献研究室. 习近平关于科技创新论述摘[M]. 北京：中央文献出版社，2016.

[126] 邹林全. 科技创新政策绩效评估指标体系的设计[J]. 中国管理信息化，2010（1）：50 - 53.

[127] Anonymous. Handbook of Public Policy Evaluation [J]. Public Administration Review, 2004, 64 (2): 250 - 251.

[128] Arnold, E. Evaluating research and innovation policy: A systems world needs systems [J]. Research Evaluation, 2004, 13 (1): 3 - 17.

[129] Barry Smit and Tom Johnston. Public Policy Assessment: Evaluating Objectives of Resource Policies [J]. Professional Geographer, 1983 (35):

172 - 178.

[130] Borrás, S. and Edquist, C. The Choice of Innovation Policy Instruments [J]. Technological Forecasting and Social Change, 2013, 80 (8): 1513 - 1522.

[131] Brian, W. and Lewis, A. Policy analysis for the real world [M]. New York: Oxford University Press, 1984.

[132] Clemens Heidinger, Erik Buchmann and Klemens Böhm. Impact assessment in public policy: Towards a Web 2.0 application [J]. Information Polity, 2010 (15): 33 - 50.

[133] Dunn, W. N. Public Policy Analysis: An Introduction (2nd. ed) [M]. Englewood Cliffs, Upper Saddle River, New Jersey: Prentice-Hall Inc, 1994.

[134] J. Edler. The Impact of Policy Measures to Stimulate Private Demand for Innovation, in J. Edler, P. Cunningham, A. Gök and P. Shapira (eds), Handbook of Innovation Policy Impact [M]. Cheltenham, Edward Elgar, 2016: 318 - 54.

[135] Edurne Magro and James R. Wilson. Complex innovation policy systems Towards an evaluation mix [J]. Research Policy, 2013 (42): 1647 - 1656.

[136] Egon G. Guba and Yvonna S. Lincoln. Fourth Generation Evaluation [M]. NewburyPark, Calif. Sage Publications, 1989.

[137] Ergas, H. Does technology policy matter?, in B. R. Guile and H. Brooks (eds.), Technology and Global Industries: Companies and Nations in the World Economy [M]. Washington DC: National Academic Press, 1987.

[138] Erik Arnold. Evaluating research and innovation policy [J]. Research Evalution, 2004, 13 (1): 3 - 17.

[139] European Innovation Scoreboard 2006: Comparative Analysis of Innovation Performance [EB/OL]. http://www.proinno-europe.eu/doc/EIS2006_final.pdf.

[140] European Innovation Scoreboard 2007: Comparative Analysis of In-

novation Performance [EB/OL]. http: //www. proinno-europe. eu/admin/uploaded documents/European_Innovation_Scoreboard_2007. pdf.

[141] Evert Vedung. Public Policy and Program Evaluation [M]. Transaction Publishers, 1997.

[142] Fealing, J. K. H., Lane, I., et al. The Science of Science Policy [M]. Stanford, CA: Stanford University Press, 2011.

[143] Greenberg, David and Mark Shroder. Digest of the Social Experiments [M]. Madison, WI: Institute for Research on Poverty, University of Wisconsin, 1991.

[144] Egon G. Guba and Yvonna S. Lincoln. Effective Evaluation [M]. SanFra ncisco: Jossey-Bass, 1981.

[145] Egon G. Guba and Yvonna S. Lincoln. The countenances of fourth generation evaluation: description, judgment and negotiation [M]. The Politics of Program Evaluation. Newbury Park: Sage, 1987.

[146] Guerzoni, M. and Raiteri, E. Demand-side vs Supply-side Technology Policies: Hidden Treatment and New Empirical Evidence on the Policy Mix [J]. Research Policy, 2015, 44 (3): 726 –47.

[147] Gök, A., Li, Y., Cunningham, P., Edler, J. and Laredo, P. Towards a Taxonomy of Science and Innovation Policy Instruments, Paper Presented to the EU SPRI Conference Lund, June, 2016.

[148] Helena Lenihan, Mark Hart and Stephen Roper. Industrial Policy Evaluation: Theoretical Foundations and Empirical Innovations: New Wine in New Bottles [J]. International Review of Applied Economics, 2007 (7): 313 – 319.

[149] Henri Capron and Bruno Van Pottelsberghe De La Potterie. Public Support to R&D Programmes: An Integrated Assessment Scheme [EB/OL]. http://www. oecd. org/sti/inno/1907902. pdf, 1997.

[150] HM Treasury. The Magenta Book: Guidance for evaluation [M]. London: HM Treasury, 2011.

[151] HM Treasury. Green Book: Central Government Guidance on Ap-

praise and Evaluation [M]. London: Stationery Office, 2003.

[152] Implementing the Government Performance and Results Act for Research: A Status Report [M]. Washington, D. C.: National Academy Press, 2000.

[153] INNO-Policy Trend Chart-Policy Trends and Appraisal Report China [EB/OL]. http://www.proinno-europe.eu/docs/re-ports/documents/Country_Report_China_2007.pdf.

[154] Iwate Prefectural University. The Ovemiew of Administrative Evaluation in Japanese Local Government [R]. Japan: Forum on Institutionalization of Evaluation Systems in Asia and Africa. 2011.0301A-4.

[155] Jakob Edler and Luke Georghiou. Public procurement and innovation—Resurrecting the demand side [J]. Research Policy, 2007 (36): 949-963.

[156] Johansson, Börje, Karlsson, Charlie and Backman, Mikaela. Innovation Policy Instruments [R]. Working Paper Series in Economics and Institutions of Innovation 105, Royal Institute of Technology, CESIS - Centre of Excellence for Science and Innovation Studies. 2007.

[157] Jones, C. O. An Introduction to the Study of Public Policy [M]. California: Brooks/Gole Publishing Company, 1984.

[158] Jordi Molas-Gallart and Andrew Davies. Toward Theory-Led Evaluation: The Experience of European Science, Technology, and Innovation Policies [J]. American Journal of Evaluation, 2006 (27): 64-82.

[159] J. Rawls. A Theory of Justice [M]. Massachusetts: Belknap Press of Harvard University, 1971.

[160] Kaiser, R. and Kripp, M. Demand-orientation in National Systems of Innovation: A Critical Review of Current European Innovation Policy Concepts, Paper Presented at DRUID Summer Conference, Imperial College, 2010, 16-18 June.

[161] Kemp, R. and Never, B. Green Transition, Industrial Policy, and Economic Development [J]. Oxford Review of Economic Policy, 2017, 33

(1): 66－84.

[162] Keneth Arrow. The Economic Implications of Learning for Doing [J]. Review of Economic Studies, 1962 (6).

[163] Kim, L. Imitation to Innovation [M]. MA: Harvard Business School Press, 1997.

[164] Lan Sanderson. Evaluation, Policy Learning and Evidence-Based Policy Making [J]. Public Administration, 2002, 80 (1): 1－22.

[165] Laranja, M., Uyarra, E. and Flanagan, K. Policies for science, technology and innovation: Translating rationales into regional policies in a multi-level setting [J]. Research Policy, 2008, 37: 823－835.

[166] Laura Stack. Doing the Right Things Right [M]. California, United States: Berrett-Koehler Publishers, 2016.

[167] Lundvall, B. A. and Borras, S. Science, Technology and Innovation Policy [M]. New York: Oxford University Press, 2005: 1－631.

[168] Magro, E., Navarro, M. and Zabala-Iturriagagoitia, J. M. Coordination-Mix: The Hidden Face of STI Policy [J]. Review of Policy Research, 2014, 31: 367－89.

[169] Michael Gibbons. The Evaluation of Government Policies for Innovation [J]. Policy Studies Review, 1984 (3): 3－4.

[170] Jan Fagerberg, David C. Mowery and Richard R. Nelson. The Oxford Handbook of Innovation [M]. Oxford: Oxford University Press, 2004.

[171] Naushad Forbes and David Wield. From technology and innovation: Managing technology and innovation [M]. Routledge, 2002.

[172] OECD. Special Issue on "New Rationale and Approaches in Technology and Innovation Policy" [R]. STI Review No. 22, 1998.

[173] OECD Innovation Policy and Performance: A Cross-Country Comparison [EB/OL]. http://www.eib.org/attachments/general/events/forum_2005_article2_en.Pdf.

[174] OECD Science Technology and Industry Scoreboard 2007 [EB/OL]. http://Oberon.oecd.org/vl=11071546/cl=21/nw=1/rpsv/sti2007/.

[175] OECD. The Innovation Policy Mix, in OECD (ed.), OECD Science, Technology and Industry Outlook 2010 [R]. Paris, Organization of Economic Cooperation and Development, 2010: 251-279.

[176] OECD. Demand Side Innovation Policy [M]. Paris, Organization of Economic Cooperation and Development, 2011.

[177] OECD. Science, Technology and Industry Outlook [M]. OECD publishing, 2012.

[178] OECD. The Innovation Policy Platform [EB/OL]. https://www.innovationpolicy platform.org/, 2018-10-14.

[179] Orr, L. L. The Role of Evaluation in Building Evidence-Based Policy [J]. The ANNALS of the American Academy of Political and Social Science, 2018, 678 (1): 51-59.

[180] Parliamentary Office of Science and Technology (POST). Risk Assessment of Nanomaterials [R]. POST, 2017. 10.

[181] Peter A. Hall. Policy Paradigms, Social Learning and the State: The Case of Economic Policy-making in Britain [J]. Comparative Politics, 1993 (3): 275-296.

[182] Piric, A. and Reeve, N. Evaluation of Public Investment in R&D-towards a contingency analysis [A]. Policy Evaluation in Innovation and Technology: Toward Best Practices (OECD Proceedings) [C]. OECD. 1997: 49-64.

[183] Radosevic, S. Innovation Policy Studies Between Theory and Practice: A Literature Review Based Analysis [R]. STI Policy Review, 2012, 3 (1): 1-45.

[184] Robert D. Atkinson, Stephen J. Ezell and Luke A. Stewart. The Global Innovation Policy Index [R]. The Information Technology and Innovation Foundation and The Kauffman Foundation, 2012.

[185] Rossi Freeman. Evaluation: A Systematic Approach (6th edition) [M]. Sage Publications, 1999.

[186] Rothwell, R. and W. Zegveld. Industrial Inovation and Public Policy

[M]. London: Frances Printer, 1981: 19 - 31.

[187] Smith, T. B. The policy implementation process [J]. Policy Sciences, 1973 (4): 197 - 209.

[188] Solow, R. Technical Change and aggregate production function [J]. Review of Economics and Statistics, 1957 (8): 312 - 320.

[189] Solow, R. A Contribution to the Theory of Economic Growth [J]. Quarterly Journal of Economic, 1956 (2): 65 - 94.

[190] Spyros Arvanitis, Laurent Donzé and Nora Sydow. Impact of Swiss technology policy on firm innovation performance: an evaluation based on a matching approach [J]. Science and Public Policy, 2010, 37 (1): 63 - 78.

[191] Steil, B., Victor, D. G. and Nelson, R. R. Technological innovation and economic performance [M]. Princeton, NJ: Princeton University Press, 2002.

[192] Stephen J. Ezell and Robert D. Atkinson. The Good, The Bad, and The Ugly (and The Self-Destructive) of Innovation Policy: A Policymaker's Guide to Crafting Effective Innovation Policy [R]. The Information Technology and Innovation Foundation, 2010.

[193] Strategic Policy Making Team, Cabinet Office. Professional Policy Making for the Twenty-first Century [R]. London: British Cabinet Office, 1999.

[194] Swiss Agency for Development and Cooperation. External Evaluation [M]. Swiss: SADC, 2010.

[195] The Information Technology and Innovation Foundation (ITIF)'s Repport [EB/OL]. http://www.itif.org/publications/we%E2%80%99re - 27 - united - states - lags - far - behind - rd - tax - incentive - generosity.

[196] United Nations Evaluation Group. Norms and Standards for Evaluation [R]. New York: UNEG, 2016.

[197] UNDP. Handbook on Planning, Monitoring and Evaluation for Development Results [M]. United Nations Development Programme, 2002: 7.

[198] UNDP. Handbook on Planning, Monitoring and Evaluation for Development Results [M]. United Nations Development Programme, 2009: 55.

[199] UNU-MERIT. Demand-side Innovation Policies at Regional Level, in Technopolis (ed.), Regional Innovation Monitor Thematic Paper 3 [R]. UNU-MERIT, 2012.

后　记

我对科技创新政策评估议题的关注，始自2008年，恰逢《国家中长期科技发展规划纲要（2006—2020年）》配套政策颁布两年，科技部正组织开展配套政策实施情况的年度跟踪调研和监测评价。这是我在单位参与的第一个政策研究分析项目，也为我今后的科技创新政策评估及研究深深埋下了种子。在接下来的工作和学习生涯中，根据评估需要和研究兴趣，我一直将科技创新政策评估作为本人重点从事的评估研究领域，持续钻研、点滴积累、深耕细作，期间也有幸负责和参与多项相关重大评估和研究项目，能够将所思所学在实践中运用，研究与工作紧密结合，受益良多。如今，一晃已有十个年头，政策评估情结很深，自然也有不少感触。

这十年是科技评估蓬勃发展的十年，科技创新政策评估伴随着宏观科技管理改革和科技决策科学化、民主化进程，进入了快速发展时期。期间，单位提供的几次研修和深造机会，让平日忙于评估业务实践的我，能够有更多时间和精力从“象牙塔”中得到学术熏陶，不断汲取新的知识和营养，沉淀、思考、总结；在科技部的工作锻炼，让我对国家科技决策制度、机制、流程和环节，以及科技创新政策及评估在科技管理乃至创新治理体系中的作用有了更深的认识、理解和体会。这些宝贵经历对更好地探究和剖析中国科技创新评估研究问题，十分有价值，也非常有帮助。可以说，这十年，是本人专业学习积累由浅入深的十年，也是在科技评估、创新政策评估实践中摸索经验、从理论研学中探寻总结方法的宝贵十年，恰逢经历了“从理论到实践，再从实践到理论”的周期循环，成长过程中得到了很多前辈、师长、专家、同行的指导和帮助。本书的出版，既是对本人多年持续耕耘政策评估的一份纪念，更想借这个机会、借着氤氲书香向曾经关心、指导、支持和帮助过我的所有人传递一份真挚的感恩和感激。

首先，我要感谢我的博士生导师北京航空航天大学公共管理学院科技与社会发展研究所所长徐治立教授。在博士学习阶段和博士论文撰写过程中，徐老师给了我莫大的指导和帮助，让我在科技政策与管理研究方向上有了宝贵的知识积累，得到系统化的学术思维和方法训练，在科技创新及政策评估的理论分析上向前迈进了一步，在徐老师精心指导下完成的博士论文为本书的形成奠定了重要基础。徐老师严谨求真的学术素养、精益求精的工作作风、诲人不倦的高尚师德深深地感染着我，在读书、治学、做人等方面为我树立了良好的学习榜样。

感谢我在英国牛津大学的导师傅晓岚教授。傅老师是牛津大学社科领域首位大陆华人终身教授、牛津大学技术与管理发展研究中心（TMCD）主任，同时也是联合国秘书长聘请的“联合国可持续发展技术促进机制十人顾问小组”首届成员（全球学界唯一代表）、联合国“低收入国家技术银行”理事会理事，担任了多个国际组织的顾问，在技术管理、创新政策分析与评价、中国创新研究等领域有很深的学术造诣、建树和国际影响力。在牛津大学国际发展学院和 TMCD 访学研修期间，傅老师在科研上给予了我细心指点和无私帮助，提供了很多学术交流的机会，大大开阔了我的研究视野，同时对本书内容提出了诸多宝贵的指导意见，为研究成果的展示和研讨提供了跨国交流平台，还亲笔为本书作序，给予勉励和肯定。傅老师一丝不苟的治学精神和奖掖后学的学术风范，使我深受感动。在此，一并感谢在牛津大学国际发展学院一起留学、共事的各位专家、学者对本书提出的建设性意见和有益建议。感谢英国皇家工程院院士崔占峰教授、牛津大学高级研究员卡蒂亚·尼科迪默（Catia Nicodemo）、剑桥大学资深研究员石涌江等前辈、专家在调研期间给予的热情支持与帮助及其所提出的真知灼见。

感谢我的工作单位国家科技评估中心（科技部科技评估中心）提供了宝贵的留学机会，以及优质、丰富的评估实践平台。感谢领导和同事们对研究工作的大力支持和帮助。感谢国家留学基金委、科技部人事司和中国驻英国大使馆教育处、科技处在留学期间给予的资助、指导和帮助。牛津大学 800 多年的浓厚学术底蕴和研究精神，深深感染着我，激励我在求知的道路上不断探索。从事评估研究多年来，得到了科技部、国家发展改革委等部委多个研究课题的资助，在此一并表示衷心感谢。

感谢经济科学出版社齐伟娜主任和刘颖编辑，她们专业、认真、细致的工作确保了本书的编辑质量。本书也凝结了她们的心血，在此致以诚挚的谢意。

感谢我的妻子、父母和岳父母一直以来对我工作、学习的支持、理解与包容，以及对家庭的默默无私付出。谢谢年幼、可爱的儿子，带我一片温暖如春的心田。家是我永远的港湾，也是我不断前行的动力。

需要感谢的人还有很多，在此不能一一提及，我会永远铭记在心，怀揣感恩，一路珍惜。

王再进

2018 年 12 月于牛津大学博德利（Bodleian）图书馆

图书在版编目（CIP）数据

中国科技创新政策评估研究：政策的价值取向、评估框架和指标 / 王再进著. —北京：经济科学出版社，2019.4

ISBN 978-7-5218-0428-7

Ⅰ. ①中…　Ⅱ. ①王…　Ⅲ. ①技术革新-科技政策-研究-中国　Ⅳ. ①G322.0

中国版本图书馆 CIP 数据核字（2019）第 057974 号

责任编辑：齐伟娜　刘　颖
责任校对：杨　海
技术编辑：李　鹏

中国科技创新政策评估研究：政策的价值取向、评估框架和指标
王再进　著
经济科学出版社出版、发行　新华书店经销
社址：北京市海淀区阜成路甲 28 号　邮编：100142
总编部电话：010-88191217　发行部电话：010-88191540
网址：www.esp.com.cn
电子邮件：esp@esp.com.cn
天猫网店：经济科学出版社旗舰店
网址：http://jjkxcbs.tmall.com
北京季蜂印刷有限公司印装
710×1000　16 开　15 印张　230000 字
2019 年 5 月第 1 版　2019 年 5 月第 1 次印刷
ISBN 978-7-5218-0428-7　定价：56.00 元
（图书出现印装问题，本社负责调换。电话：010-88191510）